A New
Concept in
Revolutionary
Wealth &
Freedom

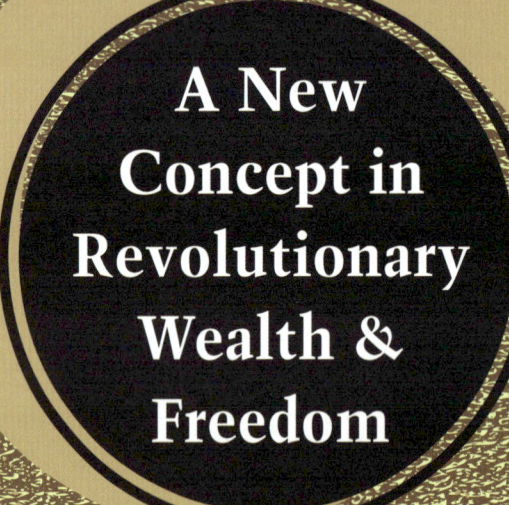

A New Concept in Revolutionary Wealth & Freedom

A New Concept in Revolutionary Wealth & Freedom

A New Concept in Revolutionary Wealth & Freedom

系統創富一桶金

系統創富教練 艾莫 著

打造屬於你的黃金系統，讓自由與財富同步實現。

國家圖書館出版品預行編目資料

系統創富一桶金／艾莫著 -- 初版. -- 新北市：創見文化出版，采舍國際有限公司發行，2025.08
面 ； 公分--

ISBN 978-626-405-020-3（平裝）

1.CST: 職場成功法 2.CST: 理財 3.CST: 財富

494.35   114001497

系統創富一桶金

 創見文化 · 智慧的銳眼

作者／艾莫

出版者／創見文化

總顧問／王寶玲

總編輯／歐綾纖

文字編輯／蔡靜怡

美術設計／Maya

台灣出版中心／新北市中和區中山路 2 段 366 巷 10 號 10 樓

電話／（02）2248-7896   傳真／（02）2248-7758

ISBN ／ 978-6626-405-020-3

出版日期／ 2025 年 8 月

本書採減碳印製流程，碳足跡追蹤，並使用優質中性紙（Acid & Alkali Free）通過綠色碳中和印刷認證，符合歐盟&東盟環保要求。

全球華文市場總代理／采舍國際有限公司

地址／新北市中和區中山路 3 段 120 之 10 號 B1

電話／（02）2226-7768   傳真／（02）8226-7496

華文自資出版平台
www.book4u.com.tw
elsa@mail.book4u.com.tw
iris@mail.book4u.com.tw

全球最大的華文圖書自費出版中心
專業客製化自資出版・發行通路全國最強！

獻給所有
想在財富的道路上
走得更快、更遠、
更久、更有價值
的人!

目錄

Contents

- 01　你想過什麼樣的人生？ …………………… 010
- 02　是什麼限制了你的財富？ ………………… 014
- 03　財富的覺醒！補短揚長 …………………… 023
- 04　成功不是能不能，而是要不要！ ………… 027
- 05　平衡式人生 ………………………………… 029
- 06　選擇比努力更重要 ………………………… 033
- 07　從心出發 …………………………………… 037
- 08　停不下來的倉鼠 …………………………… 044
- 09　經營人生有限公司 ………………………… 046
- 10　倍增的奇蹟 ………………………………… 049
- 11　找厲害的人合作 …………………………… 051

目錄

- 12 人脈就是錢脈 …………………………………… 053
- 13 失敗的原因是問錯人 …………………………… 055
- 14 焦點不一樣，結果也不同 ……………………… 057
- 15 訂目標不是為了將來，是要影響現在！ ……… 059
- 16 享受過程：高速公路上的派對 ………………… 061
- 17 夢想成真的黃金法則 …………………………… 064
- 18 如果一個人是正確的，他的世界就是正確的 … 070
- 19 系統是成功最大的秘密 ………………………… 072
- 20 今天的決定就會影響我們的未來 ……………… 076
- 21 成功已成定局 …………………………………… 079
- 22 可持續成功 ……………………………………… 081

目錄 Contents

心智模式

- 23 改變，從心智開始 ……………………… 087
- 24 自我檢測心智模式 ……………………… 090
- 25 如何改善心智模式 ……………………… 103

生涯規劃

- 26 經營自己的人生有限公司 ……………… 110

時間舵手

- 27 時間的意義 ……………………………… 121
- 28 留更多的時間給自己 …………………… 124
- 29 生命韻律管理法 ………………………… 126
- 30 T型戰略：選擇人生與事業的起點 …… 127

31. 如何獲得生命最高的投資報酬率 …… 131

演說交際

32. 交際圈理論 …… 134
33. 建立個人形象——形象矩陣 …… 137
34. 智慧贏天下 …… 140
35. 知識經濟時代的生存智慧 …… 142
36. 做個演說高手 …… 144

團隊致勝

37. 為什麼明星隊會被打敗 …… 150
38. 成功團隊的定位模式 …… 154
39. 抱團打天下——團隊致勝 …… 155

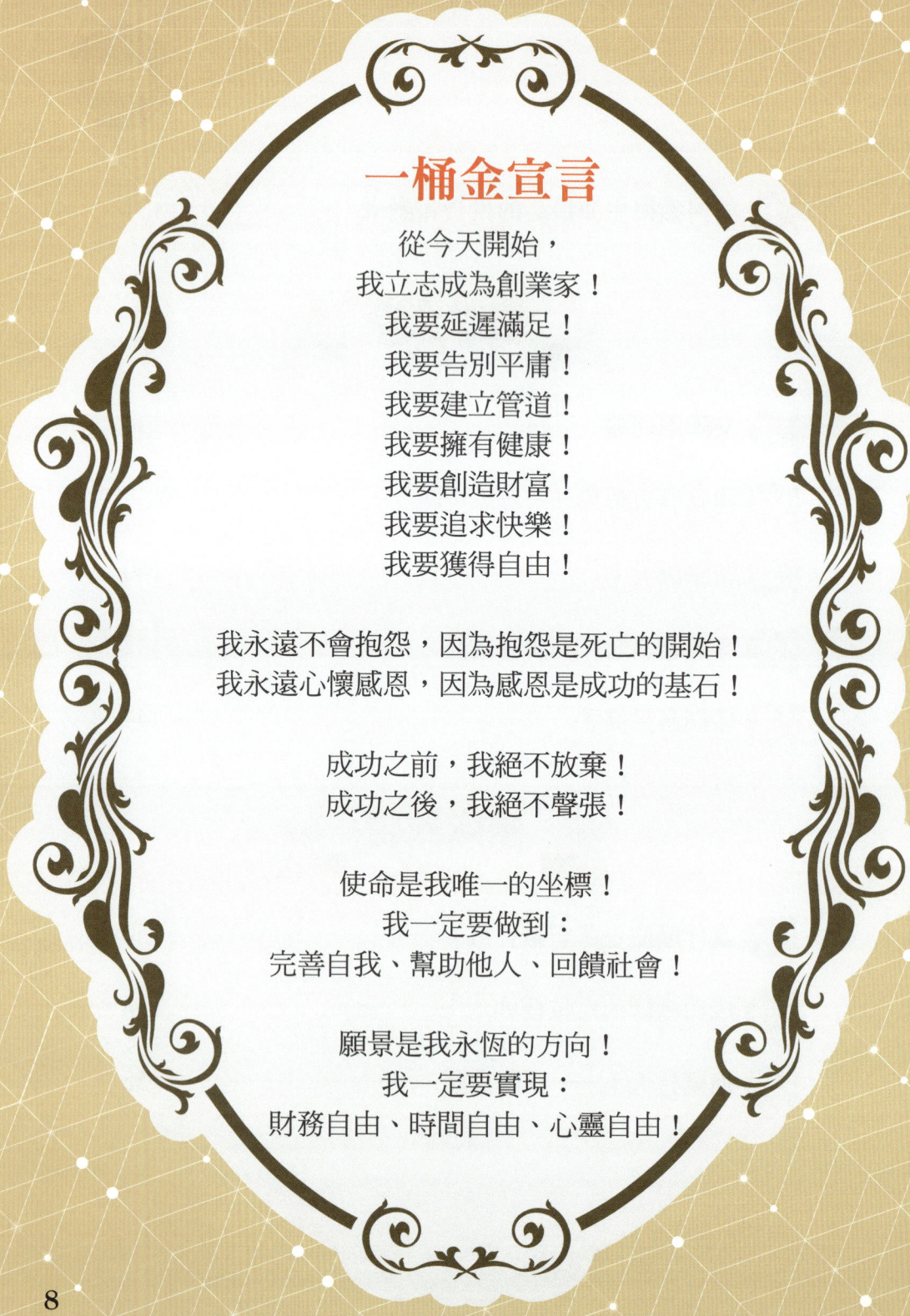

一桶金宣言

從今天開始，
我立志成為創業家！
我要延遲滿足！
我要告別平庸！
我要建立管道！
我要擁有健康！
我要創造財富！
我要追求快樂！
我要獲得自由！

我永遠不會抱怨，因為抱怨是死亡的開始！
我永遠心懷感恩，因為感恩是成功的基石！

成功之前，我絕不放棄！
成功之後，我絕不聲張！

使命是我唯一的坐標！
我一定要做到：
完善自我、幫助他人、回饋社會！

願景是我永恆的方向！
我一定要實現：
財務自由、時間自由、心靈自由！

一桶金

立志幫助人們

積極樂觀地把握現在，

系統智慧地規劃未來。

從覺醒到創造，

從管理到倍增，

為創業家提供

系統的財富自由之路，

重新審視賺錢的方法，

改變對待金錢的態度，

從而掌握下一個

財富分配周期的法則！

01
你想過什麼樣的人生？

每個人都想獲得人生的一桶金，但如何得到這一桶金呢？這裡有一個桶，代表一桶金。上方有個進水龍頭，代表收入；下方有個出水龍頭，代表支出，這裡是財富水平面。

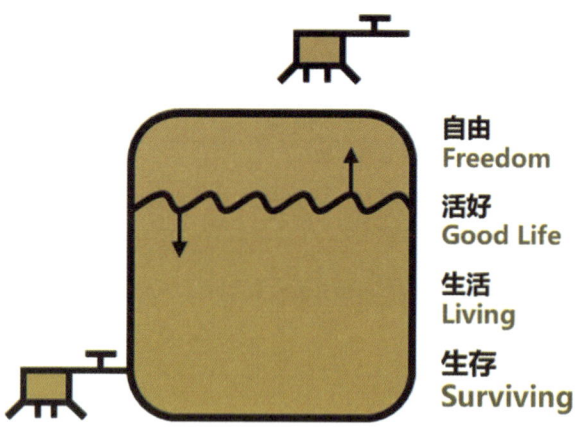

人生的四種狀態

當經濟不景氣或收入發生變化，進水減少，出水增加，財富水位就會下降，於是大家開始緊張，產生壓力。根據水平面的高低，我們將人分為四種狀態：

第一是：**生存**。這個階段主要為衣食住行而奔波，為生存而戰，擔心額外支出，甚至還有負債，當然我們誰都不想要有負債。只要我們繼續努力，增加收入、控制支出，提升財富水位，就能進入第二種狀態：**生活**。這時衣食住行無憂了，沒有負債了，但生活也還未達到理想狀態。

所以還要繼續努力提升財富水位以進入第三種狀態：**活好**。這時有房子了，雖然不是很大，有車了，雖然不是名車，但畢竟有車有房，成為了中產階級。

其實，這三種狀態都有其要面臨挑戰——生存狀態會面臨三大困境：**財務困境、教育困境和社會困境**。

生活、活好這兩種狀態會面臨三大危機：**第一是中層危機**，在企業組織裡做到中層很辛苦，不上不下，被卡在那裡。當市場不好，公司若是要裁員通常是保兩頭、裁中間。

通常晉升到中層要歷經15年左右，若是被裁員後要重新開始，不容易！

第二是中年危機，人到中年，上有年邁父母需要照顧；下有未成年兒女需要養育，壓力大！

第三是中產危機，中產階級有車有房，年收入10萬美金左右，生活看似很風光，但負債率極高！可見這三種狀態都不理想！

那真正理想的狀態是什麼呢？那就是繼續增加收入、控制支出、提升財富水平面，進入第四種狀態：**自由**！

A bucket of GOLD

人生三大自由

其實每個人都在追求人生的三大自由：第一是財務自由。什麼是財務自由？就是想花多少就花多少、想買什麼就買什麼，想去哪裡就去哪裡。比如到商場買東西，只看款式，不看價錢；到餐廳吃飯，看菜單，只看菜式，不看價格，就是不受金錢限制。

雖然從事傳統生意也能夠賺到錢，賺了不少錢後卻也發現自己非常的忙，忙得沒有自己的時間。你看「忙」是怎麼寫的：心都死了就叫「忙」。所以，世界上分四種人：

- ☑ 第一種人既沒有錢又沒有時間，這種人叫「窮忙」
- ☑ 第二種人有錢但沒有時間，這種叫「瞎忙」。賺錢是手段而不是目的，如果有了錢卻沒有時間享受生活，人就變成了賺錢的機器
- ☑ 第三種人有時間但沒有錢。這種人也比較痛苦，我們稱為「窮

閒」

☑ 第四種人既有錢又有時間

我們的目標就是要成為第四種人：既要享有財務自由，還要有時間自由。兩個自由加在一起就是：睡覺睡到自然醒；數錢數到手抽筋！但如果為了這兩個自由，承受很大的心理壓力也不值得，因此我們還需要有第三個自由：心靈自由。

什麼是心靈自由？就是沒有什麼上下級的關係，不用看老闆的臉色行事，也沒有太複雜的競爭和心理壓力。

我們主要的生活目的就是要獲得人生的三大自由。在三大自由當中，我們首先要努力追求哪個自由？當然是財務自由！因為幾乎80%左右的夢想都是被金錢所限制！

那麼，要如何獲得財務自由呢？就是要積極提升人生一桶金的財富水位，大大增加進水流量，控制出水流量，也就是開源節流。

02
是什麼限制了你的財富

🧭 80/20 的選擇

　　如今的時代，賺錢容不容易？不容易。既然賺錢不容易，人們就把80%的精力放在省錢上，將20%的精力放在賺錢上。但遺憾的是：錢不是省出來的，錢是賺出來的！正確的方法是：將20%的心力用在省錢上，因為節流是有限制的，反而要將80%的精力用在賺錢上，因為開源是無限的。

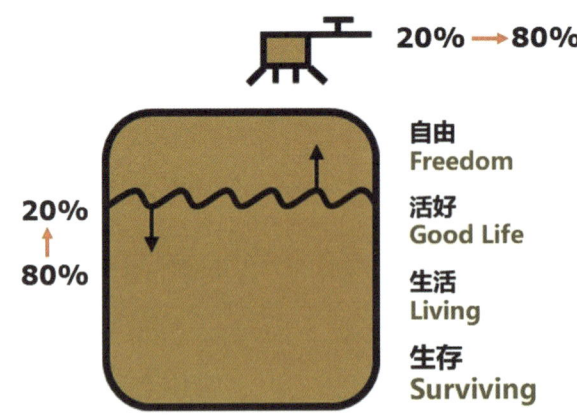

🧭 平地推球→提桶收入

　　想要賺錢就要研究賺錢的方法，經過分析研究後，我發現全

獲得超凡自由的新觀念

世界賺錢的方法，主要分兩種：第一種是平地推球。什麼叫平地推球？就是你推的時候這個球才會動，不推就不動，所以平地推球給我們帶來的收入，叫做「提桶收入」，什麼是提桶收入？提桶收入就是你有工作的時候就有，不做就沒有。

好比說打工，打一天工就能獲得一天的薪水，不做有沒有？沒有，這就是提桶收入；上一天的班就有一天的薪水，不做有沒有？沒有，提桶收入；或是開餐廳，來一桌的顧客就有一桌的飯錢收入，沒人來消費就沒有。很多傳統生意都是這樣的，做就有錢進帳，不做就沒有。

其實，全世界大約有80%左右的人，是通過平地推球來獲取提桶收入的，而這80%最辛苦的人，他們只掌握了全世界不到20%的財富。而另外80%的財富哪裡去了呢？

平地推球
Pushing the Ball on a Flat Ground

提桶收入
Single Level Income

015

 A bucket of GOLD

斜坡推球→管道收入

另外80%的財富，跑到了20%的人手裡，這20%的人，用另外一種方法來賺錢，這種賺錢的方法叫：斜坡推球。你是不是覺得斜坡推球的，很笨！很累！很難！不容易！但他們為什麼掌握了全世界80%以上的財富，就是因為他們最終能把球推到上坡這裡。成功推上坡後，他們的財富就能維持在一定的水位。所以，斜坡推球的收入，我們稱為「管道收入」。

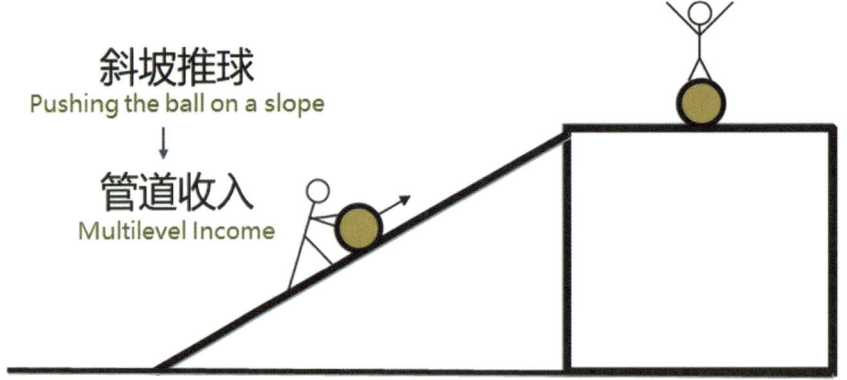

什麼是「管道收入」？簡單來說，管道收入就是你即使停止工作，收入依然持續流入。好比武俠小說大師金庸，成名作完成後，雖不再創作新書，但多年來仍透過版權收入持續進帳；又如歌后鄧麗君，雖然已經離世多年，但她的家人與受益者仍不斷收到音樂版稅。這就是典型的「管道收入」：時間過去、行動停止，

收入卻沒斷。

然而成為金庸、鄧麗君對大多數人來說太過遙遠。直到有人發明了「組織行銷」這樣的商業模式，讓普通人也能透過一套可以複製、可擴張的方式，獲得管道收入。

這種商業模式被發明之前，人們賺錢主要通過一種方法──那就是用錢賺錢，想成為百萬富翁，就一定要有資金投入才有可能賺到錢。但改變財富命運的方式其實有兩種：一是遵守舊規則，努力拼搏；一是創造新規則，改變遊戲本質。組織行銷的誕生，讓賺錢不再只是資本的遊戲，而變成可以運用每個人都有的資源：時間與人脈。

如果比財富，我們當然是比不過比爾‧蓋茲、李嘉誠，但如果比時間和人脈，普通人和富人就拉近了距離。因為，上天給富人們一天24小時，給我們也是一天24小時；他們有他們的交際圈，我們有我們的人脈。這讓財富的賽道變得更公平，也讓普通人邁向財務自由變得可能。關鍵是我們要瞭解「組織行銷」，也就是斜坡推球的原理是什麼。

斜坡推球是一個力學原理，請看下頁的圖，我們用的力是「Effort」；我們得到的成果是「Income」，你看這個生意在一開始的時候，我們付出很多很多的心力，但只得到一點點的利，這個階段我們叫「多勞少得期」。

在這段「投入多、回報少」的初期，若你自己都不支持你自

己,別人更不能理解你。那些反對你的人,大多都是你最親近的人,例如父母、夫妻、子女、兄弟姊妹,還有你最好的朋友。為什麼身邊大多數人都會潑你冷水,打擊你呢?因為他們習慣了平地推球,不理解你所做的斜坡推球的生意。但是,斜坡推球的好處就在於只要方向正確、系統穩定,當球逐漸滾動起來,你會發現——後續即使不再用力推,它也能沿著斜坡自動往前,產生持續性的收入流。這就是管道收入背後的系統力。

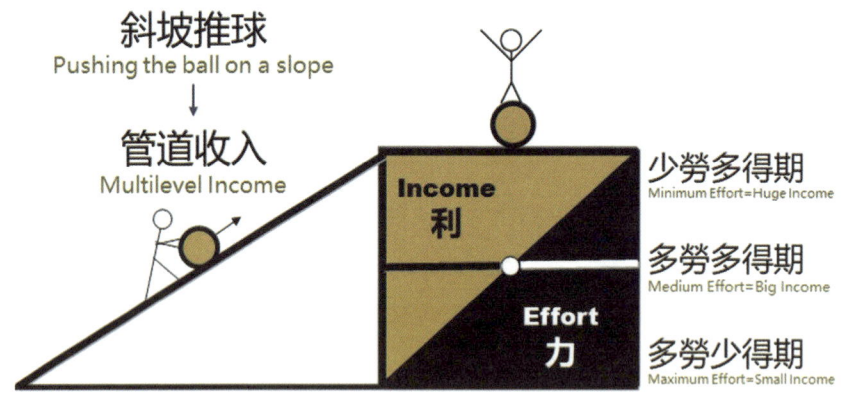

這也是成功者與普通人的區別!成功者做事,是一次努力,多次收穫;普通人是一次努力,一次收穫。成功者注重結果;普通人關注過程。

這就是今天,為什麼越來越多的人紛紛嘗試這個生意的原因,因為越到後面所要付出的「力」就越少,而得到的「利」越多。再往上走,你付出的「力」和得到的「利」相等了,這個時候進

入了第二個階段，我們稱為「多勞多得期」。

「組織行銷」這種生意模式，已經成為不同階層的人，最佳的創業選擇！從比佛利山莊的百萬富翁，到好萊塢的知名影星；從高級工程師，到平凡的家庭主婦，為什麼有這麼多人都在從事這個生意呢？就是因為這個生意持續做到最後，只需要用很少的一點力，就可以得到更多的利！這個階段，我們稱為「少勞多得期」，甚至叫「不勞而獲期」，這時你就可以過上擁有三大自由的生活了。

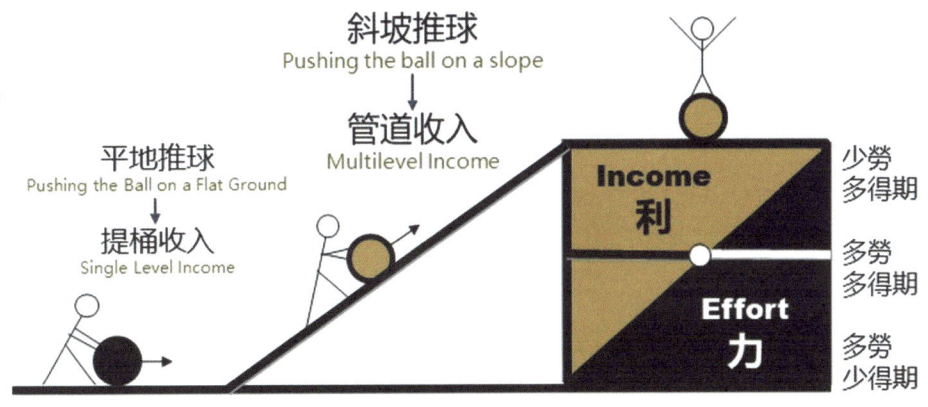

為什麼我們一定要從事斜坡推球的生意！因為平地推球總有推不動的時候，累了、病了、老了、失業不給你推了，或者傳統生意競爭激烈推不下去了，這時候該怎麼辦呢？

所以趁我們年輕、有體力、有機會就要把球推上來。一旦將來有一天，我們累了、病了、老了、不給推了、推不下去了，我

 A bucket of GOLD

們的收入還能維持在一定的財富水位。這樣就可以透過斜坡推球的模式，給我們帶來持續性的管道收入。

如何有持續性的管道收入

如何做到這一點呢？我們分析這個行業發現：要想成功，一定要具備成功的四個要素：哪四個要素呢？首先我們要有一個創業平臺，平臺為我們提供領先產品、創新模式和創業機會，完全不需要我們投資、不需要我們建廠、不需要我們開店。我們只需要和平臺合作，拿到平臺給我們的創業機會。借助我們的時間與人脈建造用戶池，並通過用戶池源源不斷地社群裂變，進而獲得源源不斷的利潤。

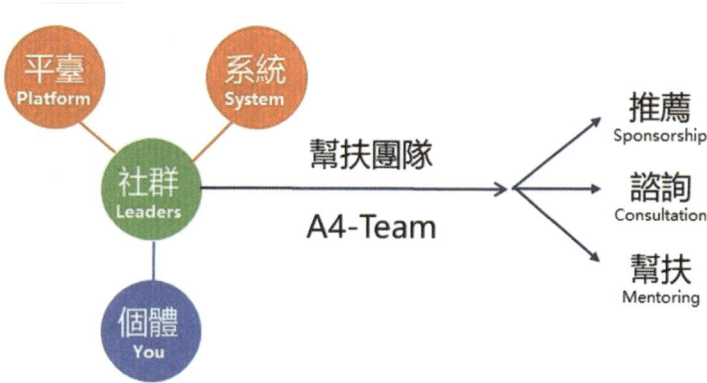

同時我們還要有一個成功系統，系統能發揮什麼作用呢？系統為我們提供了標準化的流程、有效可複製的工具及線上線下專

業會議經營，如此一來免去我們摸索的時間，只要完全複製系統就可以了。

第三個成功的要素是由領袖團隊組成的社群，為你介紹這個平臺和系統的人，不一定是專業的人，所以我們採用了最先進的技術，叫做幫扶團隊 A4-Team，不但給你推薦這個平臺和系統，在創業的過程中 給你提供諮詢，同時，扶上馬——送全程。這三個要素最終的目的是幫助你——成功的第四個要素：獲得成功。

這三個要素都是要幫你獲得成功，但每個人遇到機會時，反應模式都不一樣，於是就產生了不同的命運。所以有句話說：「強者創造機會，智者把握機會，弱者等待機會，愚者喪失機會。」

或許你會想：為什麼「平台、社群、系統」要幫我成功呢？因為這個生意是組織行銷，團隊合作的生意，你幫助別人成功，自己就成功了。

有的人會說：創業也有很多人失敗。確實，有不少人嘗試新的創業機會而沒有成功。但客觀來講，開餐廳有沒有賠錢的？有！傳統生意有沒有破產的？也有！關鍵是失敗者找藉口，成功者找方法！我們要瞭解創業為什麼會失敗，經過研究發現，這些人之所以失敗，不是他們不努力，他們很努力，有的人甚至努力了一輩子，但還是沒有成功，於是，我們得出一個結論：努力不會使人成功，選擇比努力更重要！所以我們必須精挑細選，選擇一家最優秀的創業平臺和系統，進而保障我們的成功。

A bucket of GOLD

有的人會說，我現在有工作或是有自己的生意。沒有關係，每個人都正在做一件事情，這是我們人生的第一曲線。請看下圖，我們經過學習、摸索、努力，終於上路了，但很多的情況下，免不了會有跌到B點的時候。好比說我們的身體，有沒有生病的時候？有！但等生病了，再來保健養生，來不來得及？來不及了！所以，有個順口溜提醒我們說：「勸君保健謂無錢——有也無；病到臨頭用萬千——無也有；若要與君談養生——空也忙；閻王召見命歸天——忙也空！」

生意也是一樣，尤其是傳統生意，傳統生意是錦上添花的多，雪中送炭的少，若是等生意不好了，再來補救往往來不及。

永續成功的法則是找到A點，在A點上畫一條第二曲線。如果第一曲線好，兩者並駕齊驅，如果不好，可以借助第二曲線東山再起，建立持續管道收入，獲得人生三大自由！

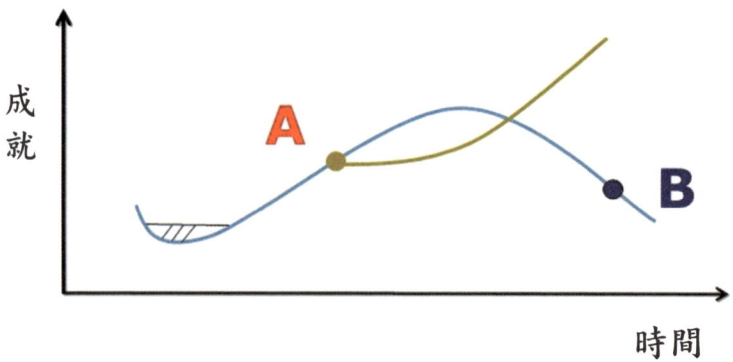

03
財富的覺醒！
補短揚長

　　心理學家做過這樣一個試驗，分發一定數量長短不一的木板給被實驗者，要求他們拼成一個木桶，問哪種情況下裝的水最多。我們知道長短不一的木板拼成一個木桶的時候，能裝多少容量的水取決於最短的那塊木板。於是大多數被實驗者開始丟掉最短的木板，而且還不只一塊，為的是能讓水位多上升一點，但最後測量的結果顯示，那些丟掉短木板的人，他們的桶子所裝的水並不是最多，因為，每丟掉一塊短木板，水位雖然會上升，但容積會減少。所以，裝水最多的並不是丟掉短木板的人，而是把長木板鋸下來拼裝在短木板上的人。

 成功的方法並不是揚長避短

　　在大多數人的成功概念中，成功的方法就是揚長避短。其實，揚長避短只是用在戰術上的一種方法而已，而在人生的戰略上，真正成功的方法是「補短揚長」。

A bucket of GOLD

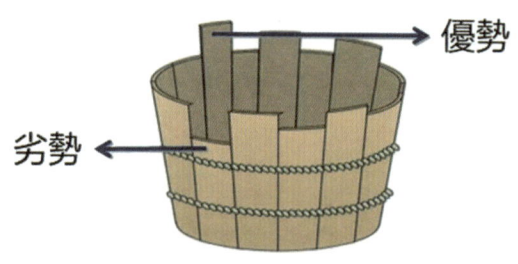

**你一生的成功不是由你的長處決定的，
而是被你的短處限制的。**

　　有的人就是不擅長當眾講話，一遇上這樣的場合自然是能避就避，於是就變得越來越不會講話，短處也因為逃避而變得越來越嚴重。所以他的一生因為講話而帶來的機會都與他無緣。

　　其實，財富也是一樣。

　　賺錢並不是富人的專利，而是大多數窮人的短處而已，當這些短處得不到重視的時候就會變得越來越短，於是越來越貧窮。

　　解決的方法就是──財富的覺醒！然後就是「補短揚長」。

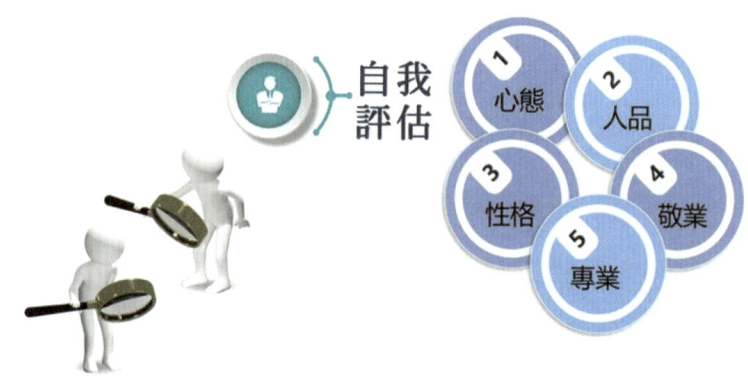

當你習慣貧窮時你就不會想到富有

「貧窮而後富有」也未必一定能遠離貧窮，關鍵在於如何真正認識財富。暫時富有的特徵之一是：當經濟不景氣或收入狀況發生變化時，財富就會隨之發生巨變。

還記得「溫水煮青蛙的實驗」嗎？當把一隻青蛙放到裝滿開水的鍋裡，青蛙會本能地跳出來而得以逃命。若是放到冷水鍋裡慢慢加熱，青蛙直到被煮死也不會逃脫。其實，貧窮也是如此。

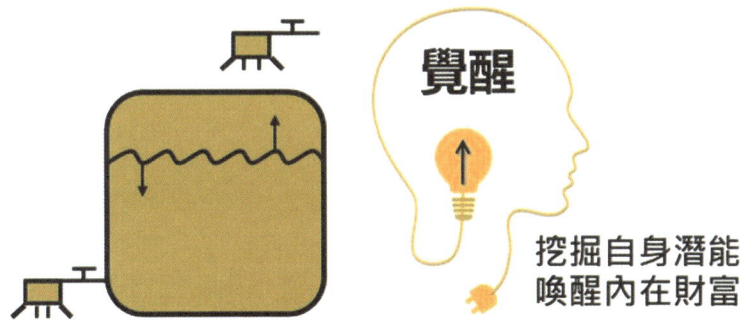

當你習慣貧窮時你就不會想到富有

覺醒

挖掘自身潛能
喚醒內在財富

有的人之所以貧窮是因為他從來就沒有想過要富有。創富的第一步就是：財富的覺醒！堅定地告訴自己：貧窮並不是我所申請的專利，富有才是我永久的權利。從今天開始，我要踏上創富之路，任何人都不能阻止我前進的腳步！

貧窮的五大原因

1. 致富欲望不強烈
2. 潛意識中對金錢有錯誤認識
3. 身邊的朋友大多不是有錢的人
4. 問錯人，入錯行，選錯項目，搭錯幫
5. 觀念不超前，思想不系統，方法不對頭，信息不靈通

04
成功不是能不能，而是要不要！

　　一名獵人帶著獵狗去打獵，這時從草叢裡跑出一隻兔子，獵人立即舉槍射擊，兔子被打傷後倉皇逃竄。獵人對獵狗說：「快去把那隻兔子捉回來。獵狗隨即快跑去追那隻兔子，獵人就在樹下等著獵狗抓回獵物。」

　　過了一會兒，獵狗回來了，卻沒有將兔子抓回來。獵人非常生氣地對獵狗說：「你怎麼連一隻受傷的兔子都抓不到。」

　　獵狗哀求道：「主人，我已經盡力了。」獵人看到獵狗疲憊不堪的樣子，也就原諒了牠。

　　話說那隻受傷的兔子逃回去後，其它的兔子看到兔子能逃過一劫，都大為意外，紛紛問到：「那隻獵狗追你，而你還受了傷，你是怎麼逃回來的呢？」

　　那隻受傷的兔子說：「很簡單！那隻獵狗為了完成主人的命令，牠是在盡力而為，而我為了逃命是在全力以赴啊！」

　　世上很多人並沒有過上自己想要的生活。他們之所以沒有過

上，是因為他們根本不想要。聽到這句話，這些人一定覺得很委屈，會在內心抗議：「我怎麼不想要，我真的已經盡力了！」

大多數人不成功是因為他們只是在盡力而為而沒有全力以赴！

人人都渴望過上更好的生活，希望找到成功的快捷方式。其實，成功沒有快捷方式，不走彎路本身就是快捷方式，有的人盡力維持現狀，有的人全力改善現狀。你現在所擁有的狀態是你過去選擇及努力的結果，如果你今天就開始改變，明天就會出現不同的結果。

成功不是你能不能，而是你想不想、要不要。你是要，還是一定要！

許多成功的人，都是秉持「一定要」的堅定信念，並全力以赴堅持到結果出現。

成功沒有彩排的機會，每一天你都要以正式上場的姿態去面對、去演出！

讓我們全力以赴！建立人腦聯網的高速公路；進入沒有失敗的成功社區！

05
平衡式人生

我們先來看看以下這張圖，人的外面是宇宙，人的第一個層次是肉體，肉體裡面是人的思想，思想裡面是人的靈魂，靈魂裡面是人的信仰。

肉體主要是靠法律來約束的；思想是靠道德來約束；靈魂是靠良心來約束；信仰是靠教義來約束。不是每個人都能活出生命的所有層次。我們的使命是幫助人們活出生命更深一層的意義。

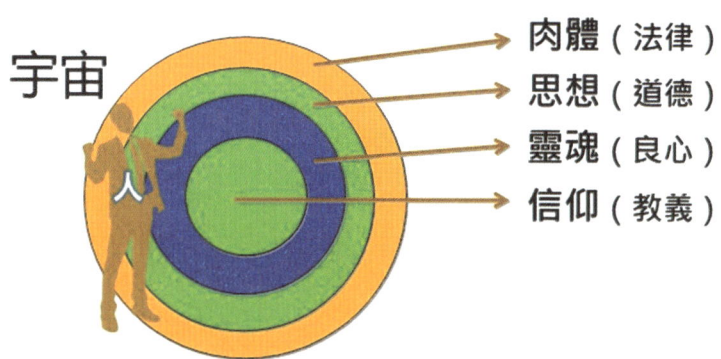

真正的自由，是活出生命的全部意義

多數人窮其一生只活在肉體與生存的層次，鮮少有自己的思

A bucket of GOLD

想；而有的人終生遵守道德與倫理，並且積極汲取人類思想與智慧而獨善其身；還有一些人在良知與真理中堅定前行，過著平靜踏實的生活；更有極少數人找到了屬於自己的信仰，在信仰的路上獲得生命的永恆價值。

而你我真正該思考的是：如何以最小的代價，換取我們真正想要的人生；如何在現實與理想之間，活出一種平衡而完整的生命體驗。

在「平衡式人生」中，金錢雖非最高目標，卻與我們的生活品質、選擇自由息息相關。這也是為什麼人們常說：「金錢不是萬能的，但沒有金錢是萬萬不能的。」因為對許多人來說，原本只是達成人生目標的手段，卻不知不覺成為人生唯一的追求。

事實上，賺錢不是人生的目的，卻可能成為通往人生目的的門票。問題不在於我們是否在追求金錢，而在於我們是否具備創造金錢的能力。很多人終其一生被困於賺錢的焦慮，正是因為只關注「錢」，卻從未真正學會「賺錢的能力」。記住這句話——

> **賺錢的能力，遠比賺錢本身更重要！**

當你一旦獲得了賺錢的能力，並且在賺錢的過程中又反覆強化這種能力的時候，你會發現：財富不再是你的人生難題，更不是你理想與信念的絆腳石，而是推動你自由生活、活出意義的重要工具。

一隻猴子死了之後去見上帝，求上帝給牠一次做人的機會。於是上帝派人去將牠身上的毛拔掉，猴子卻吱哇亂叫，死活都不肯，於是上帝說：「那我就沒有辦法了，你如此一毛不拔，怎麼能做人呢？！」

任何事情都有它的規律和原則，一旦你掌握住了，事情就會變得很輕鬆。做人如此，做事也一樣。

> **有的人離做事越來越近，卻離做人越來越遠。**

幾乎所有成功的生意都是由做人開始的。賺錢能力比賺錢本身更重要；做人比做事更重要。

宇宙有三個變量：物質、時間、空間。這是宇宙大法！也是財富大法！人是物質，財富也是物質，要想獲得財富，必須瞭解財富說明書——掌控三個變量的邏輯關係。增加個人財富，首先要提升物質本身的能量，讓自己更值錢，然後才能吸引同等能量的財富。第二要和能量相當的物質交換能量——多接觸積極上進的人；第三是拓展更大的空間，讓成功擴大半徑；第四就是擁有跨躍時間的系統，延長財富的週期。

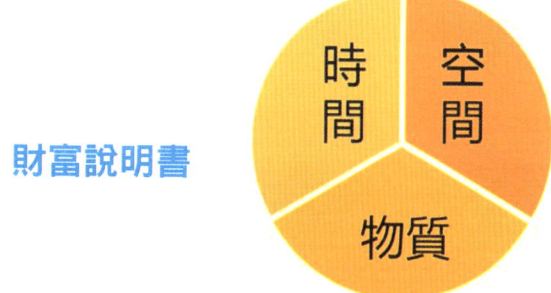

財富說明書

A bucket of GOLD

🧭 財富轉移

根據研究，人類的財富幾乎每五年就會重新洗牌一次。因此，你我此刻口袋裡有多少錢並不重要，重要的是：你是否理解下一輪財富分配的遊戲規則？

如果你選擇透過組織行銷這條賽道進行自主創業，那麼，想在財富轉移中搶得先機、創造成功，就必須掌握創業成功的七大條件：

1. **趨勢**：順勢者昌；逆勢者亡。趨勢是時代的方向，懂得借勢，才能讓時代推著你往前走，而非你獨自逆流而上。
2. **賽道**：方向大於努力，選對賽道。努力才能產生複利效應，創造指數成長。
3. **風口**：風起時，豬都能飛。風口是短期爆發力，是撬動資源與流量的加速器。
4. **平台**：借船出海，事半功倍。好的平台讓你不用單打獨鬥，能夠借助他人的資源、流量與信任，走得更快、更遠。
5. **系統**：系統出效能，流程出倍增。沒有系統的創業只能靠人扛，有系統，才能自動運轉、標準作業、規模擴張，真正做到可持續成長。
6. **團隊**：眾人拾柴火焰高。個人再強是加法；團隊作戰是乘法。
7. **個體**：認知決定世界，成長決定天花板。創業終究是自我覺醒，自我迭代的修行。

06
選擇比努力更重要

　　早年有一次，我開車從溫哥華前往舊金山，大約是二十幾個小時的車程。在北美據統計每年每人駕車大概是500～1000個小時，所以，車不但是交通工具，還是最好的學習場所。於是，我準備幾十盤卡帶便上路了。我所使用的交通工具在北美應該是最好的了，是附帶衛星導航系統（GPS）的奔馳S500。

　　當時，GPS美國的數位地圖只有幾張光碟片，我把一張標有中西部的光碟片放入後，便輸入「舊金山（SAN FRANCISCO）」，然後電腦透過衛星定位後便顯示了路線圖，還有語音指示，有了導航根本不用擔心會走錯路。於是，我一路聽著卡帶學習，欣賞著沿路美景，也沒有特意去看路標，更沒想過需要在加油的時候確認所在位置。當衛星指示我離開5號公路時，我也絲毫沒有懷疑，以為衛星導航是指給我一條最近的路。

　　最後，目的地終於到達了，那是一個美國中部科羅納多的一個叫「舊金山」的小村莊。距離我要去的「舊金山」，還要走比這更遠的路程。

　　我們都知道下圖中從A到B是最短距離。這樣淺顯的道理，

A bucket of GOLD

但為什麼有人一定要通過C然後才去B，原因很簡單：沒有導航；或雖有導航，卻輸入錯誤的目的地；或者是用錯軟體。後來我終於找到走錯路的原因：竟是我放錯了光碟片！應該拿西部圖卻錯放了中西部地圖的光碟。

從A到B最短的距離是直線

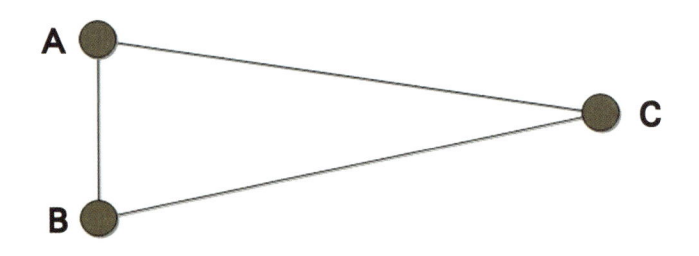

在你我的人生中可能也有叫做「成功」的目標讓我們追尋，但往往會發現：目的地是到了，卻不是我們想要的。這時，我們才明白使用的工具再好，再用心、努力都是沒有用的。我們真的需要一套「人生的導航系統」，但同時也需要一套「人生的軟件系統」。

致富的五大方法

1、思考致富；
2、清點庫存準確定位；
3、經營具有市場價值的人和事；
4、每日感受財富世界並定期接觸有錢人；
5、熱心參與並積極推廣有市場價值及發展潛力的生意。

魚與熊掌不可兼得嗎？

你是否發現身邊周圍的人，老是覺得自己不是缺這個，就是少那個，總是不滿意、不夠完美。為什麼？因為在大多數人的概念裡：魚和熊掌是不可兼得的。

> **魚和熊掌可以兼得，只要在不同時間。**

為什麼有錢人就一定是忙的，而且需要忙那麼久。忙得天昏地暗，什麼也顧不上，而且還有個崇高的理由：為實現人生的目標而戰！

	有錢	沒錢
有時間	1	2
沒時間	3	4

人生矩陣

從前，有兩名年輕人外出尋找黃金。他們上路後不久，發現路上有兩堆棉花，兩個人各自背起來，因為棉花可以織布，有了布就可以換黃金。又走了幾天，路上出現兩堆布，其中一人放下棉花，背上布走了；另一名年輕人想，我為什麼要這麼費事呢？

A bucket of GOLD

反正棉花可以織布，布可以換黃金，於是這名年輕人依舊背著棉花繼續往前走。這時天下起了雨，那個背棉花的年輕人感覺自己的背上越來越沉重，還是繼續往前走，這時路上出現兩堆黃金。背布的人放下布，改背起了黃金；而那位背棉花的年輕人想：棉花可以織布，布可以換黃金，我幹嘛多費一遍事呢！於是，一人背著黃金，一人背著沉重的棉花繼續往前走。故事完了。

這是我所聽過的最無聊的故事。但為什麼會記住，因為現實生活中，不會有人傻到放棄黃金去背沉重的棉花，但這個故事給我們的啟示是：在現實生活當中，我們往往不知道自己此時此刻背的是什麼。

因為我們在生活中所背負的，並不像黃金和棉花那麼容易鑒別。

失敗的五大原因

1. 沒有看人生的說明書
2. 我們身邊沒有成功的人
3. 我們的成功是用摸索的方法獲得的
4. 我們從來沒有系統學習過系統思考
5. 我們沒有把自己當成產品來塑造並且當成商品來經營

07
從心出發

每一個時代，都有屬於它的成功法則。

在農業時代，成功的標準很簡單——誰能種出莊稼，誰能狩獵，誰能佔有自然資源，誰就能生存並掌握權力。那是「用腳走路」的時代，靠勞動力與土地說話。

進入工業時代，衡量成功的方式改變了——誰擁有資本、技術與規模化的生產力，誰就能崛起。那是一個「用手走路」的時代，靠工廠、機器與效率競爭。

而如今，我們進入了知識經濟、網絡經濟，甚至是AI智能主導的新時代。在這個資訊密集、變化加速的世界，成功不再來自體力或資本，而是取決於誰能善用知識、整合資源、駕馭平台與系統。這是「用腦走路」的時代，一個人是否持續投資脖子以上的資本，決定了他未來的競爭力。然而，這裡也藏著一個現代人的矛盾：

> **知識越多，智慧卻可能越少。**

知識，充其量只是原材料；智慧，才是經過理解、轉化、整合後的成品。令人遺憾的是，當人類越來越「聰明」，我們處理

問題的方式卻也變得越來越複雜、越來越費力。反而要回頭用最「笨」的方法——簡單、實在、重複做對的事，才能真正解決問題，找回人生的輕盈與效能。

不能超越「心」去發展「腦」

在人們從下至上的發展中，若是跨越了「心」這個重要的環節而去發展「腦」，最後會發現：任何偏離「心」的智慧都是暫時的。多少商家和個人的暫時成功都證明了這一點。

所以，我預測：知識經濟時代後還有一個時代會到來，我不敢去命名那個時代，但我知道：那個時代是「用心走路的時代」。

開始改善你的心智模式吧！立即進入「系統大學」。學習「心智模式」、「性格分析」、「認知邊界」、「系統創富」等課程，或者去參加「財富覺醒」、「財富創造」、「財富管理」、「財富倍增」這些訓練吧！這些著眼於改善心智模式、拓展認知邊界的課程，不論你將來做什麼事業、從事什麼工作，都能夠派得上用場。

成功的五大方法

1、控股人生；
2、投資脖子以上的部分；
3、用系統學習的方法去獲得成功；
4、不預設結果如預設結果一定是積極肯定的；
5、建立人腦聯網的高速公路，進入沒有失敗的成功小區。

賺錢四大階段

第一個階段是財富覺醒。真正認識到錢作為工具的重要性，而後能著手解決金錢的問題。這個階段的標識就是要有「賺錢意識」，能正確認識金錢，並產生強烈的賺錢意識，就標識著某一程度的覺醒。真正財富覺醒的人，既不把金錢當作人生的目的；又不會忽視金錢的本身價值；他們既不為錢而活，也絕不會被金錢限制而將日子過得不好。

在每一次「一桶金」的課程上我都會問學員：「你們喜歡錢嗎？」

「喜歡！」他們大聲回答。

「但你們賺到你們喜歡的錢了嗎？」我又問。

「沒有！」

「你們想知道為什麼嗎？」「因為……」

> **大多數人喜歡錢，但他們並不喜歡賺錢。**

喜歡錢和喜歡賺錢是有差別的。真正喜歡賺錢的人會研究賺錢的方法，於是很容易就進入第二個階段：財富的創造。

在大多數人的公式裡，人們最常用到的公式就是：時間就是金錢。遺憾的是，在創造財富的過程中，這個公式引導著大多數人掉進了時間換錢的陷阱。

A bucket of GOLD

時間 ≠ 金錢

　　在賺錢的道路上，為什麼我們會感到走得很累，就是因為我們以往對金錢的認識，已使我們深陷這個陷阱當中而不能自拔。

1. **財富覺醒**：窮不是命，是沒有覺醒。財富始於認知突圍，破除窮人思維，覺察金錢規則，從「為錢而忙」走向「讓錢為你而忙」。
2. **財富創造**：財富從來不是「掙」出來的，而是「創造」出來的，創造價值，才有資格分配財富。鎖定趨勢，打造管道，方能穿越時間洪流。
3. **財富管理**：擁有財富不等於保住財富。管不好錢，錢遲早會拋棄你，管理財富，就是管理你的安全感、自由度與未來。
4. **財富倍增**：真正的富人，靠的不是多做，是錢生錢，資產翻倍。讓資產流動，讓系統運轉，讓時間複利，把金錢變成永續的自由引擎。

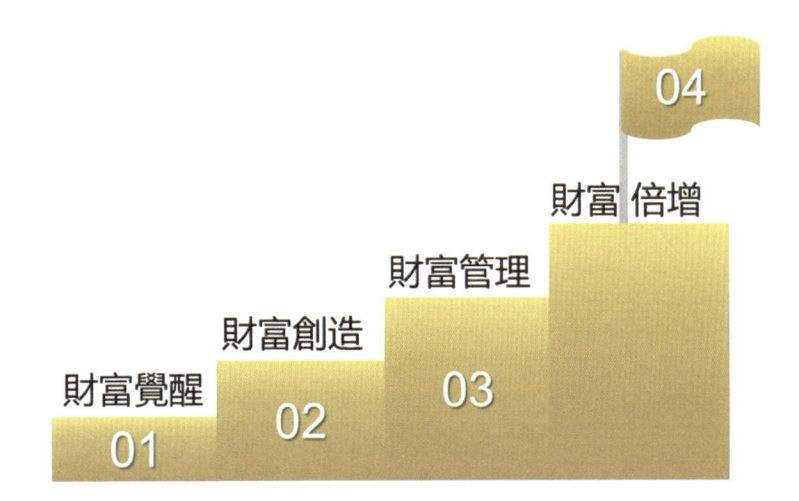

財富覺醒 01　財富創造 02　財富管理 03　財富倍增 04

金錢的品質

我們以前對金錢的認識，往往停留在金錢的數量上，談到錢的時候，總會想到一萬、兩萬、百萬、千萬，從來不曾想過：我們手中的「一萬」，和別人手中的「一萬」有什麼不同。很少在金錢的性質上去界定金錢。

沒完沒了的平地推球

於是，為了錢，我們每天會去做自己並不喜歡做的事情，而能忍耐做這些事情的唯一理由：就是幻想將來不要再做這樣的事情。可這一天卻永遠不會到來，因為平地推球——做就有收入，不做就沒有錢進帳。所以，唯一的選擇就是做下去，直到做不下去為止。

A bucket of GOLD

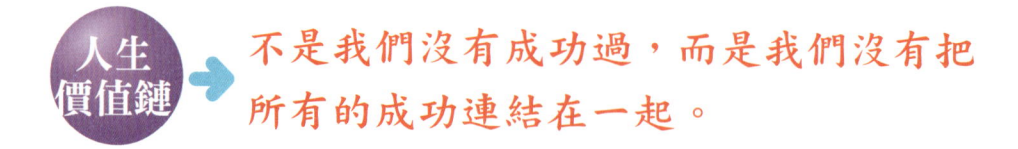

人生價值鏈 → 不是我們沒有成功過，而是我們沒有把所有的成功連結在一起。

而即使「成功」也要保有「成功」。而要保有「成功」，一定要瞭解「黑馬成功八項法則」：

黑馬成功八項法則

1、成功意識　　5、向高手學習
2、目標設定　　6、用心去做
3、激勵因素　　7、幻想成功
4、競爭動因　　8、堅持到底

西方是「顯性成功」成功之後可以聲張。東方是「隱性成功」，即使成功也不能聲張，否則連品嚐成功的機會都沒有了。而遵守「黑馬成功八項法則」是獲得並留住成功最有效的方法：

1. 成功意識：成功從相信開始。你必須在內心先相信你是成功者，現實才會被你重新編程。

2. **目標設定**：沒有目標，所有努力都是漂泊。目標是方向，是承諾，是你未來的契約。

3. **激勵因素**：真正的動力來自內心的「痛」與「愛」──要嘛失去，要嘛渴望擁有。

4. **競爭動因**：沒有對手，就沒有成長。競爭不是打敗別人，而是逼出一個更強的自己。

5. **向高手學習**：山有高峰，人有高人，捷徑不是自創，而是複製成功者的路徑。

6. **用心去做**：技能可以訓練，態度無法替代。用盡全力不如盡全心，心到，成果自來。

7. **幻想成功**：所有的現實，都是想像的具象，是在腦海中演練成功，現實才會排演劇本。

8. **堅持到底**：世上並無天才，只有不放棄的笨小孩。你不離場，勝利終將屬於你。

08
停不下來的倉鼠

　　靠天吃飯的農夫會去羨慕領固定工資的工人,而辛苦勞作勉強維持溫飽的工人,會去羨慕有機會賺大錢的商人,而擔驚受怕、今天賺明天賠的小生意人,會去羨慕身價破億的上市公司的大老闆。其實,從某種意義上說:大家都一樣,誰都停不下來。

　　把一隻倉鼠放到一個籠子裡,籠子裡有一個帶有一圈橫樑的圓形輪子。這隻倉鼠看到後就爬了上去,倉鼠在輪圈中奔跑時,輪子就開始轉動,倉鼠越跑越快時,輪子就越來越快地轉動,倉鼠直到累得掉下來為止。而後,倉鼠會不斷重複以上的過程。

　　我問過許多人:「你是喜歡上班還是喜歡下班」

　　「當然是喜歡下班」

　　「那你為什麼上班呢?」

　　「沒辦法!」

　　這就是平地推球的我們,深陷「倉鼠效應」當中,苦熬歲月。大多數人就這樣終其一生。

獲得超凡自由的新觀念

每個人都有三個桶

我們每個人天生就擁有三個桶，分別是：

✓ **財務桶**——通常97%的人，一出生幾乎是空的。

✓ **時間桶**——每個人大致擁有七、八十年可運用的時間。

✓ **心靈桶**——我們先不討論它。

你此生的價值，不只是看你裝進了多少東西，而在於：你是否有覺知去「裝」，是否有勇氣「倒空重來」，是否懂得如何讓每個桶都盛滿真正的自由與圓滿。

請看下圖，從「時間的經濟學價值」角度來看，傳統的活法是：A+B=C，即投入大量時間與努力，換來成果。而「一桶金」所倡導的是新的互動活法：A＝C。我們要用最短的時間去實現人生的經濟學價值，而留下更多有效的時間去實現人生的生命價值。

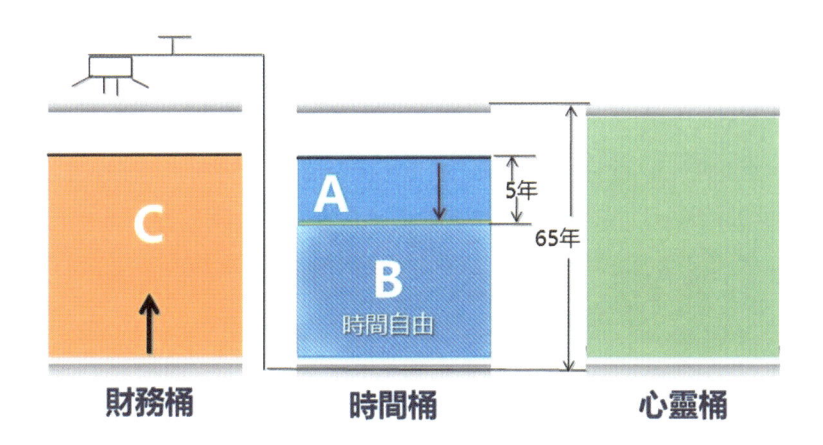

045

09
經營人生有限公司

如果說平地推球是在每天提水，那麼斜坡推球就是建立管道。而提水是有提就有，不提就沒有；而管道一旦建成，水就會源源不斷。

提桶與管道

1940年，全世界第一家麥當勞誕生了。1955年一名叫克羅克（Ray A.Kroc）賣奶昔機的推銷員用他一生的積蓄從麥當勞兄弟的手中取得麥當勞全球連鎖經營權，用系統的方法在全球建立麥當勞連鎖事業（建立管道）。1965年麥當勞上市，時至今日在全世界擁有三萬多家分店，源源不絕地創造著現金流。

管道一經建成，收益世代相傳。

如今，石油的管道早已鋪設好，黃金的管道也幾近飽和，這些機會不再屬於你我。買下一家麥當勞成為現成管道的擁有者，也不是每個人都有能力做到。那麼，我們要如何建立屬於我們自

己的管道?

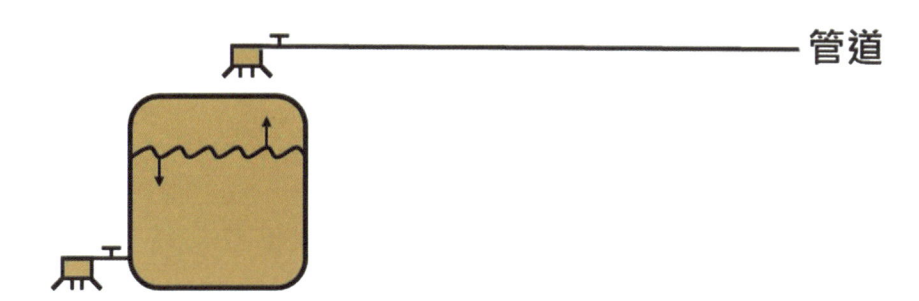

時間有限我們必須累積成就

工字不出頭,出頭就入土。平地推球為什麼沒有出頭的日子,就是因為平地推球所產生的收入是提桶收入,成功得不到累積。

能產生管道收入的斜坡推球就是累積成就的有效方法,這是經過無數人驗證的成功之路。成功最快的方法就是模仿別人的成功,但模仿的前提就是「可複製性」。

尋找可以複製的成功機會

現在,要想擁有財富,你需要的不只是努力,而是要有一個「賺錢的系統」,而且要對這個系統具有擁有權和控制權。此外,為了讓這個系統可被複製、擴張、持續產生價值,它還需要具備五大要素:

❶ 標杆　❷ 顧問　❸ 教練　❹ 支持者　❺ 監督者

A bucket of GOLD

　　你效法的是誰？他決定了你會走到哪裡。所以，首先要決定誰是你的標杆。如果你的標杆是個博士，你最終可能在學術界發光發熱；如果你的標杆是百萬富翁，總有一天你會進軍商界；如果你的標杆是位講師，你終將如願走上講臺，擁有自己的舞台。

　　在美國，中小企業如果沒有聘請顧問，三五年後幾乎就會失去競爭力。在這個迅速變化的時代，每個人都是一間「有限責任公司」，你需要一位顧問，用前瞻思維的眼光和與你不同的角度，幫你設計出屬於你的成功路徑。

　　歐美流行多年的教練技術，已成為知識經濟時代成長最快的產業。教練協助個人釐清價值觀、釋放潛能、建立生命動力系統，在人生的關鍵階段，有一位教練，將讓你少走許多彎路。

　　一支由獅子率領的綿羊隊伍，可以打敗一支由綿羊率領的獅子隊伍。孤軍奮戰的時代已經結束，成功需要團隊的力量，做任何事情都需要有一群堅信你的支持者。

　　在新世代的競爭法則中，監督不再只是挑錯，而是促進成長。從對手那裡學習、從批評中獲得回饋，才是真正的學習力與彈性競爭力。

　　你需要一個系統，但這個系統不能只靠自己拼湊，它需要架構、需要團隊、需要你有意識地選擇「誰與你同行」。標杆給你方向，顧問幫你設計路徑，教練開發你的潛力，支持者成就你的行動力，監督者則讓你在挑戰中成長。這就是現代創富者該有的系統性思維。

10
倍增的奇蹟

　　古代一位國王與他的大臣下棋時，國王問大臣：「你為國家征戰沙場，立下汗馬功勞，現在本王打算獎勵你，你想要什麼賞賜？」

　　大臣說：「我的要求非常簡單，就要這一棋盤的麥子。」

　　國王不解：「到處是金銀財寶，遍地是富饒的土地，你怎麼只要一點點的麥子？」

　　大臣解釋道：「國王別急，我的要求很特殊，具體而言，就是在第一個棋格裡放2粒麥子，第二個棋格裡放4粒，第三個放8粒，第四個放16粒，第五個放32粒……以此類推。」

　　國王不以為意地答應了這位大臣的要求。他說：「好，你到國庫去取」。結果大臣來到國庫，帳房先生一算，發現這是多少麥子呢？整個棋盤有324個格子，也就是2^{324}，簡直是個天文數字，用上國庫裡所有的麥子，甚至將所有的土地賣掉再換成麥子，也滿足不了這位大臣的要求。

　　借助「倍增理論」所發明的「組織行銷」被譽為人類最偉大的發明之一。自上世紀從美國發源，半個世紀以來迅速席捲全球，

A bucket of GOLD

成為一場影響世界的商業革命。這種類似特許經營，但不需高額資金投入，卻擁有高度的複製力與倍增性，早已形成一個年營業額高達上千億美元的龐大產業。其中部分企業名列《財富》雜誌全球500強。如今組織行銷已被全球多所知名大學納入正規專業學科。這種以提供無限收入潛力和個人時間自由的高效率創業模式，越來越受到人們的重視與青睞。

所謂的「機會」就是：那些現在還未被大多數人重視、但未來極具價值的事情。已經普遍被接受的，不叫機會，那是結果——或者，對沒掌握住的人來說，叫「後悔」。所以，現在，正是你思考並開始覺醒的時候。你要的不是再多一個選項，而是一個被驅動的理由。

激勵核心

為什麼有些人抓得住機會，有些人卻總是錯過？答案是：激勵因素。

沒有深層的渴望，你不會開始；沒有燃燒的痛點，你無法堅持；沒有明確的理由，你就跨不過恐懼與慣性，面對命運的試煉。

真正改變人生的，從來不是機會本身，而是——你被什麼驅動去抓住它。

A、**激勵的要素**：永不止息的嚴肅任務；細水長流的永續努力；超凡成就的成長環境；

B、**激勵的本質**：確認需求，滿足需求，創造需求。

——摘自《生涯規劃》

11
找厲害的人合作

成功有三種方法：為成功的人工作；花錢雇成功的人為你工作；和成功的人合作。相對應的失敗也有三種方法：為失敗的人工作；花錢雇失敗的人為你工作；和失敗的人合作。

合作經濟

在合作經濟的夥伴時代，組織行銷以和成功的人合作的方式為我們提供了一個賺錢的新法則。如果你選擇「平地推球」中的領薪水的上班族，你一定要選擇一家最大的公司，跟隨最成功的老闆，進而保障你的工作機會，前提是他們也願意雇用你；如果你選擇從事平地推球的傳統生意，你一定要選擇最優秀的員工，以保障你的生意發展，前提是他們願意來，而你也雇用得起。

在選擇「組織行銷」這門生意時，重點不在於找最大或最頂尖的公司。因為越大的平台，反而越難擠身其上；最優秀的公司，也未必留有你的成長空間。你真正需要的，是放下成見、歸零學習，願意與成功的人合作，並全力複製他們的成功經驗。

A bucket of GOLD

蜜蜂和蜘蛛

蜘蛛和蜜蜂結婚了,新婚過後它們分別回家探親。蜘蛛回家後就向父母抱怨:「你看你們,為什麼讓我娶那個蜜蜂呢?每天嗡嗡地飛個沒完,煩死了!」蜘蛛的父母說:「嗨,別抱怨了,不管怎麼樣,人家也是個空姐呀!」

蜜蜂回去後也向父母抱怨:「你們怎麼會把我嫁給那麼醜的蜘蛛呢?」

蜜蜂的父母說:「嗨,別抱怨了,不管怎樣,人家也是個做網絡的呀!」

這是一個認同成功的時代,只要你敢於夢想,勤於工作,用心學習。總有一天,你的選擇也會獲得肯定與回報。

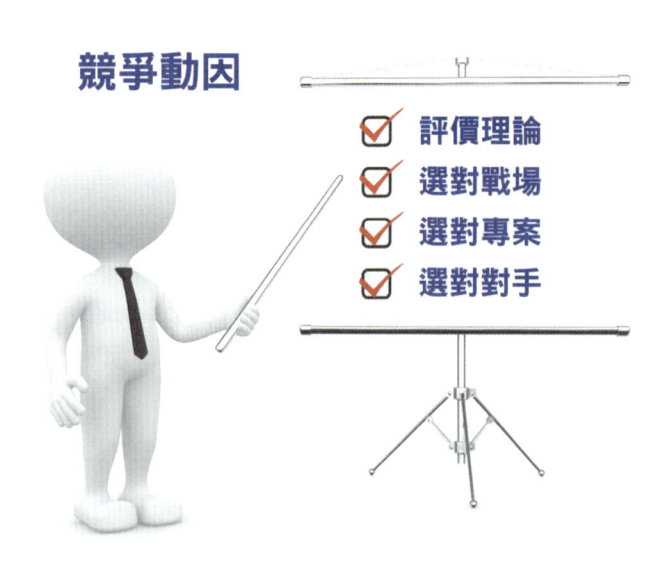

競爭動因
- ☑ 評價理論
- ☑ 選對戰場
- ☑ 選對專案
- ☑ 選對對手

12
人脈就是錢脈

　　農業時代是占領土地為王，工業時代是產品為王，知識經濟時代則是通路為王。而今天，人脈就是最大的通路。對於個人創業而言，最快的成功之道，就是：占領人脈。

　　有一家動物園的所有動物都可以販賣，都有各自的價格。一名顧客想買一隻猴子。他看中一隻非常可愛的猴子，於是向經理詢價，經理說：「這隻猴子五千元」。

　　這個人又看到另外一隻非常活潑的猴子，於是詢價。經理說：「一萬元」這個人心想，還是買隻便宜點的吧。

　　此時，他看到蹲在牆角默不作聲的老猴子，就問經理：「那隻多少錢呢？」

　　「那隻可貴了」

　　「多少錢？」

　　「五萬元」

　　「怎麼會這麼貴，牠能做什麼？」

　　「我也不知道」經理說：「我只知道其它的猴子都管牠叫：『老大』」

A bucket of GOLD

你需要的不僅是榜樣，還需要教練！

在追求財富的路上，我們常為那些無法複製的夢想，付出太多昂貴的代價。對於今天想創造財富的我們，最切實可行的方法就是：找對榜樣，借助有眼光、遠見的顧問，跟隨著擁有系統的教練，創造可複製的財富模式。

向高手學習
- Ⓐ 終身學習；
- Ⓑ 投資脖子以上的部分；
- Ⓒ 尋找教練型高手；
- Ⓓ 建立人腦聯網的高速公路。

13
失敗的原因是問錯人

　　每個人都有走錯路的時候，好比開車，更是難免會走錯路、迷路，這時該怎麼辦呢？問別人。請別人告訴你這麼走、那樣走，你按他告訴你的路線走，有時還是會走錯，為什麼呢？因為那個指路的人本身就沒有方向感。

　　人生也是如此，我們匆忙上路了，走了一段才發現走錯了，然後問別人。問誰呢？我們通常問離自己最近的人，但遺憾的是，最近的人不一定是最對的人。於是，我們犯了人生的四大錯之一：問錯人。

　　當我們面對選擇或挑戰，習慣問三種人——

　　第一種人是從來就沒有做過這件事的人。如果你問到他，他會怎樣說呢？積極一點的會說：「不知道，但你可以試一試，也許會成功」；消極一點的會說：「聽說這件事不怎麼樣，我認識好幾個人都試過，沒什麼結果」。其實這種人根本就沒有這方面的經驗，他的建議並不一定專業，只是出於善意和關心罷了。只憑熱情去幫助別人，而不是憑專業去幫助別人，不是幫人成功，而是幫人失敗。

A bucket of GOLD

　　第二種人，是做過這件事情但失敗的人。如果你向他請教，他會怎麼說呢？他多半會說：「你千萬別做，我試過了，根本行不通！」但問題在於：他的經驗只是他個人的失敗，卻可能成為你尚未起步就放棄的理由。他的話如同一種「失敗病毒」，讓你在未曾嘗試前，就已經自我設限、自我放棄。

　　第三種人，你可能會問到做過這件事情並且成功的人。如果你問到他。他一定會說：「這是非常好的事情。但你一定要如何如何做……」

　　今天，我們正處於一個「人腦聯網」的時代，你身邊的人，正悄悄塑造你的命運。如果你周圍充斥著消極、失敗和保守的聲音，你很可能看不見機會，也難以啟動改變的行動力。但如果你身處積極進取、充滿動能的環境，你將被鼓舞、被點燃，並學會把握屬於你的人生機會。

用心去做

Ⓐ 拒絕遠離目標的誘惑；
Ⓑ 牢記心的方向；
Ⓒ 投資在最有生產力的地方；
Ⓓ 核算時間成本。

14
焦點不一樣，結果也不同

　　在北美，每回兩天一夜的「一桶金」訓練課程中的第一天我都會問學員：「你們是開車來的嗎？」

　　「是！」

　　「你們是開什麼車呢？告訴我：你們的車名、型號、顏色。」

　　「豐田嘉美XLE、V6，銀色；寶馬320、紅色；奔馳E320、黑色……」

　　「今天在你開車上課的途中，有沒有看到和你的車一模一樣的呢？」我又接著問。有的人說有，有的人說沒有。

　　我又問那些看到的人：「如果你看到了和你開一模一樣的車，並且把車號告訴我，我立即就給你100美金。」

　　第一天並沒有人拿到這筆錢。然而到了第二天，幾乎每個人都在路上能發現和自己一模一樣的車，並且記住了車號。

A bucket of GOLD

焦點理論

人生也是如此,關注、在意的焦點不一樣,結果也不同。

成功的人會聚焦在積極、可能、樂觀上;失敗的人會聚焦在消極、不可能、悲觀上。所以,儘管機會同樣擺在面前,成功的人所發現的機會往往比失敗的人發現的機會多。

Fixed
On
Center
Until
Successful

所謂的焦點就是:成功之前決不離開目標

幻想成功

Ⓐ 用未來完成時思考;
Ⓑ 預定未來;
Ⓒ 你是你思想的結果;
Ⓓ 借力維勢。

15
訂目標不是為了將來，是要影響現在！

　　在這個世界上，大多數人沒有明確的目標，這些沒有目標的人，他們終其一生所做的唯一的一件事情就是：讓有目標的人完成目標。

　　有目標的人也未必一定會成功，這是因為他們沒有遵守目標的三個變量。要想達成目標，實現夢想，在制定目標的時候，一定要遵守以下這三個變量：數字、時限、承諾

任何目標必須是可度量的

　　數字：這是目標的第一個變量。大多數人不成功，是因為他們雖有目標，但沒有量化目標。例如，問一個人想賺多少錢，大多數人會說：「越多越好！」或者「差不多就行！」這樣模糊不明確的目標反倒不容易實現。可實現的目標必須是可度量的，而且最好要具體化、形象化。

A bucket of GOLD

每一個目標都要有完成的期限

時限：這是目標的第二個變量。如果你接著問：「你準備什麼時候完成目標？」大多數人會說：「越快越好！」，有效的目標一定要通過時間尺度去衡量，必須為短期目標、中期目標、長期目標，訂定完成的具體日期，也就是最後期限，這樣目標才有可能完成。

完成目標的動力是堅定的承諾

承諾：承諾就是說到就一定要做到。承諾的對象可以是最親密的人、最愛的人、最需要感恩的人。承諾的時候要想到：如果實現了目標會有怎樣的結果；如果沒有實現目標會有什麼樣的後果。堅定的承諾是完成目標的重要保障。

堅持到底

A 成功是在確定質的前提下完成量的累積；
B 生命周期不等於事業周期；
C 成功是一種慣性；
D 水滴石穿。

16
享受過程：
高速公路上的派對

　　有一次，我開車行駛在美國5號高速公路，打算從洛杉磯前往舊金山，當車行至一半路程時，速度變慢了，沒關係，我想反正車上就是我的移動學習場，聽卡帶就是了，可車速越來越慢，最後完全不動了。四周的駕駛開始浮躁起來，甚至趕時間的人都焦急地看著錶，有些人乾脆走下車來，爬上附近的山坡想看個究竟，半個小時過去了，車還是一動不動，倒是傳來了準確的消息：前面發生嚴重交通事故，恐怕還需要一個小時左右才能通行。

　　在這前不著村、後不著店的地方，整個高速公路變成了一個望不到頭的汽車長龍。有的人靜靜地等待，有的人十分煩躁地抱怨。這時，我旁邊的一輛七人座的車打開車門和所有車窗，音樂放到最大聲，一群年輕人在車裡面扭動著身體。過了一會兒他們又從車上走下來，在車陣中大跳搖擺舞，跳累了又從車後箱取出啤酒，除了司機，每個人都在一邊喝酒，一邊跳舞。

　　他們還不斷招呼周邊車裡的人。於是，人們紛紛從車裡面走出來，大唱大跳，歡樂的氣氛不斷蔓延。此時塞車的煩躁一掃而

A bucket of GOLD

光，反倒像一個大型的派對（Party）。

最後，人們照相的照相，留地址的留地址，直到前面的車開始動起來了，大家才依依不捨的上車離開。

在你面向人生所有目標的過程中，都有不可預知的坎坷、艱辛，關鍵是你以什樣的方式去面對，成功不僅在於目標是否達到，更在於為目標奮鬥的過程，每當我在高速公路上開車的時候，總希望能再一次遇到類似的場面，卻始終盼不到。其實，在人生的每一天裡，都有無數個結果和過程，關鍵是，當你遇到不如意的過程時，你是以怎樣的方式去對待它。

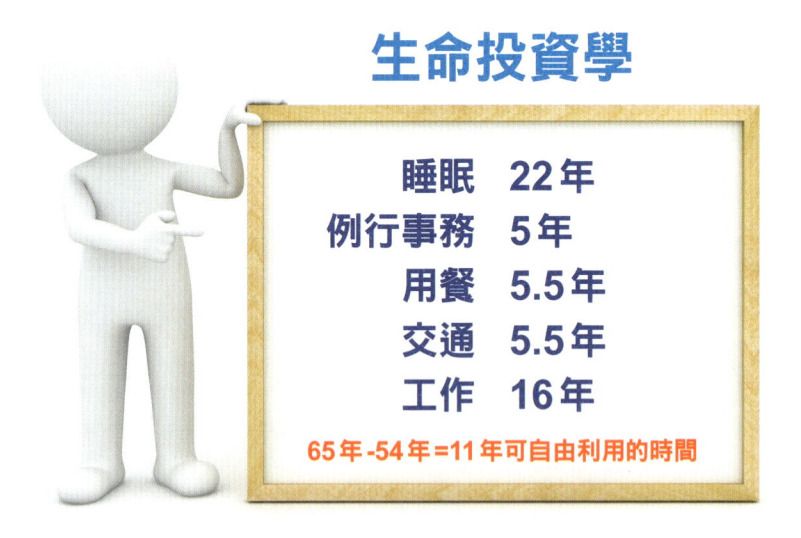

生命投資學

睡眠	22年
例行事務	5年
用餐	5.5年
交通	5.5年
工作	16年

65年 -54年 =11年可自由利用的時間

賺錢有四種方法

第一種是意識賺錢法。當大多數人還沒有察覺某個機會時，

如果你先意識到了，就能搶得先機、提前賺錢。這世界上，「先知先覺」的人賺大錢，「後知後覺」的人賺小錢，而「不知不覺」的人只能替人打工。

當大家的意識都提升了，接下來誰能賺錢？答案是：更專業的人。這是第二種方法：專業賺錢法。靠專業才能脫穎而出，贏得市場信任。但當專業成為常態，又該怎麼辦？此時就進入第三種方法：企業化賺錢法。也就是誰能整合人才、建立團隊、打造系統，讓專業成為一種規模與制度，就能創造更高效益。最後，當企業化也普及了，能繼續領先的，是第四種方法：產業賺錢法。

看得見產業未來趨勢走向，能預見市場轉折，並做大規模、擴大格局的人，才是最終勝出的贏家。

記住：模仿是通往成功最快的捷徑。模仿成功者的意識，學習他們的專業與系統，我們也能走出自己的財富之路。因為你今天的選擇，決定了你明天的改變。

賺錢有四種方法

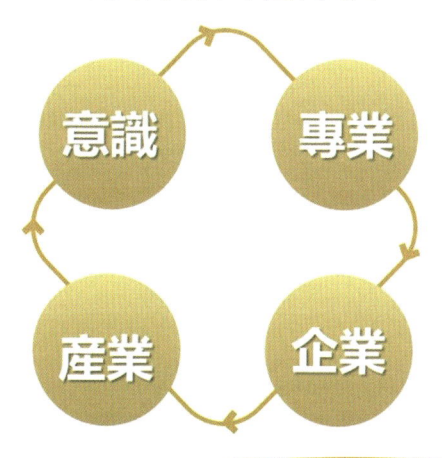

意識 → 專業 → 企業 → 產業

17
夢想成真的黃金法則

當一個人意識到成功的美好，夢想成功就成為一種強烈的欲望。夢想成真的四大法則是：

第一、和一群有夢想的人在一起

在近40年做系統創富教練和全球創業導師工作中，經常有人問我：「我為什麼不成功？」

很簡單，你之所以不成功是因為你的身邊沒有成功的人。仔細想一想這句話，還滿有道理的。我們習慣於和自己相同程度的人在一起並產生依附關係，進而拒絕改變。所以要想成功，就一定要改變現狀。「要知道我們的現在是我們過去選擇的結果」，要想改變未來，一定要做與以前不同的選擇，這樣我們才能得到與現在不同的未來。其中之一就是：改變與你接觸的人，尋找和你有共同夢想的人，同時用你的夢想去點燃別人的夢想。

第二、把大夢想變成小目標

夢想超過了一定的界限就會變成野心，夢想太大而漫無邊際

也容易將生命變得疲憊。同時，切實可行的夢想如果沒有分解成無數個可以輕易實現的小目標，夢想也就變成了空想。

三、為夢想找一個最合適的載體

別把成功的梯子搭在錯誤的牆上。如果戰場選擇錯了，即使獲得勝利還有什麼意義呢？！人才有舞臺才有價值，要為自己的夢想找一個最合適的載體。

四、為有價值的夢想鍥而不捨

每一個夢想都有實現的周期，人生沒有失敗，只有放棄。大多數失敗的原因是不夠堅持。

> **失敗者找藉口，成功者找方法。**

學習型組織

我們身邊有許多消極失敗或者自以為是的人，這些人就是偷走我們夢想的人。保護自己夢想最好的方法就是遠離這些人，尋找與你有共同價值觀和夢想的人，建立一個學習型組織，透過系統的學習來建立共同願景、強化夢想。在這個過程中，影片、音檔、文字、會議是最有效的工具。

成功歷程：夢想；信念；目標；行動；計畫。

A bucket of GOLD

成功歷程
夢想
信念
目標
計畫
行動

　　最適合普通人的成功載體：組織行銷。組織行銷，或許是最具挑戰性的創業模式之一。它的專業性與可複製性，為無數人提供了邁向成功的機會。但遺憾的是，許多從未真正了解這門生意的人，往往將它簡化、誤解，結果輕率投入、盲目行動，最終以失敗收場。

組織行銷的四大誤區

　　自2000年以來，組織行銷這個行業，也和其它行業一樣，進入了專業化競爭階段，然而許多公司走進了誤區，將組織行銷變成了「特定人」的專屬舞台：

　　☑ 把組織行銷變成了患者的生意；
　　☑ 把組織行銷變成了醫生的生意；

獲得超凡自由的新觀念

- ☑ 把組織行銷變成了講師的生意；
- ☑ 把組織行銷變成了領袖的生意；

但事實上，組織行銷原本就是為「普通人」設計的事業模型。

今天，在組織行銷的生意裡，就賺錢而言，成功的變量已經發生了變化。

不是比你能不能賺到這個錢，而是看你賺到這個錢用了多少時間成本。不是比你能不能賺到這個錢，而是看在你的組織中有多少人賺到了這個錢；不是比你能不能賺到這個錢，而是看你這個錢能維持多長久。

組織行銷的核心，是創造一個人人可複製的機會平台。當你選對了系統、選對了文化、選對了願意扶持普通人的夥伴，你的成功，不再只是「個人運氣」，而是「集體實力」的展現。在如下的平臺類型裡，你希望進入哪一個象限呢？

從打敗顧客到共同分享

	我贏	我輸
你贏	1	2
你輸	3	4

> 兩敗俱傷：我輸——你輸
> 實惠顧客：我輸——你贏
> 打敗顧客：我贏——你輸
> 共同分享：我贏——你贏

A bucket of GOLD

　　組織行銷生意中最重要的智慧就是選擇的智慧：在成功的四大要素中，平臺的選擇是最重要的指標。

平臺　系統　社群　個體

　　大多數人的成功與失敗都可以從這四個要素中找到原因。有的人嘗試過這個生意，卻失敗了。經過調查發現：選錯了平臺。盲目選擇的人，可能會進入「機會矩陣」的第四象限。對「機會」與「希望」缺乏專業性的評估，選擇平庸的公司而浪費時間。

機會矩陣

	機會大	機會小
希望大	1	2
希望小	3	4

獲得超凡自由的新觀念

急於完成原始基本累積的人，容易跳入「機會矩陣」的第三象限。由於偏重短期回報而不著眼於未來，誤入短期炒作的投機性平臺。而不懂計畫只看平臺的人，又最有可能被誇大的宣傳所吸引，進入第二象限，一個投入與回報不成正比的平臺。

真正智慧的人會評估：平臺、產品、制度、系統等變量，進而做出明智的選擇，進入「機會矩陣」的第一象限，牢牢把握充滿希望的機會。

機會有三個變數：客觀存在；與我有關；可以把握。

而「虛無存在；與我無關；無法把握。」那不叫「機會」，叫「誤會」。

Opportunity Costs
機會成本

機會 A

機會 B

18
如果一個人是正確的，
他的世界就是正確的

　　一名牧師打算在週六的上午在家準備隔天的布道演講，但他的妻子正好有事外出了，他的小兒子在一旁吵個不停，讓他無法專心準備，最後牧師想起一個好主意，從舊雜誌堆裡找到一本雜誌，翻到一頁色彩鮮艷的圖片：一幅世界地圖。牧師從這本雜誌上撕下這一頁，再把它撕成碎片，丟給他的兒子說：「把它拼成一幅世界地圖，如果拼成了，爸爸就給你2角5分錢（美元）。」

　　牧師滿心以為這個拼圖遊戲會讓兒子花去一個上午的時間，便安心著手準備演說稿。

　　可過了不久，兒子就來敲門說：「爸爸，我已經拼好了」

　　牧師十分驚訝地看著這幅已經拼好的世界地圖，問道：「孩子，告訴爸爸，你是如何這麼快就把它拼好的呢？」

　　他的兒子說：「這很容易，你給我的這些碎片，正面是一幅世界地圖，背面是一個人的照片，我想，如果我把背面的頭像拼好，那另一面的世界地圖就會是正確的。」牧師非常高興地給了

兒子2角5分錢，然後在紙上寫下了演講主題：「如果一個人是正確的，他的世界就是正確的。」

每個人接觸一件新的事物都有一個過程。不錯過機會的關鍵要素就是：不自我設限！開放心靈，擺正心態，重新審視你面前的機會。

告訴自己：「成功絕非偶然，一定有它的道理。世界上發生的每一件事情，一定有其必然性，並且將有助於我。我一定要拋棄反感，嘗試接受，這也許就是改變一生千載難逢的好機會！」

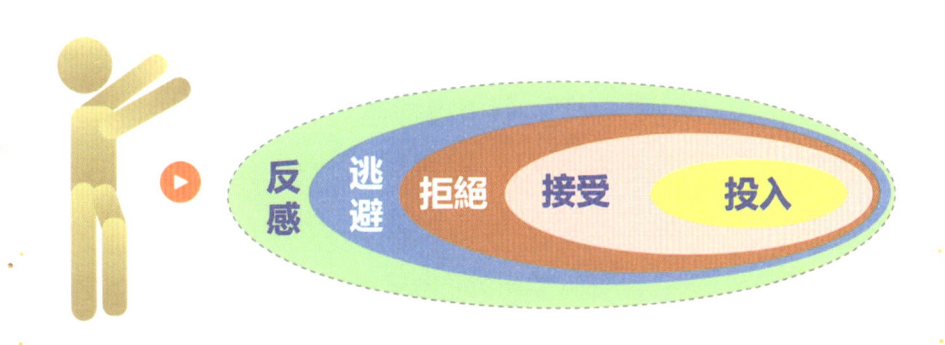

反感　逃避　拒絕　接受　投入

> 「一支由獅子率領的綿羊隊伍能夠打敗一支由綿羊率領的獅子隊伍」

19
系統是成功最大的秘密

　　一開始，人們靠自己釣魚為生，成果全憑個人的經驗與技巧，因此釣魚高手備受敬仰。

　　後來人們開始在海邊撒網捕魚，這樣捕獲到的魚更多、更有效率。再後來人們划著小船到遠一點的海域去捕魚，雖然能捕獲到更多的魚，但還是屬單兵作戰，很難長久持續。

　　最後，人們找到了專業化的捕魚方法──由多艘船組成的商業捕撈船隊。從織網、發現魚群、捕撈到後端的交易等所有的流程都有專業人員分工合作，這時，個人角色漸趨淡化，團隊力量顯著崛起。成功的關鍵，不再只是個人的技術，而是上船前的選擇判斷，以及上船後的團隊運作與協同效應。

　　在組織行銷進入專業化與選擇導向階段的今天，盲目從業及單打獨鬥的時代早已過去，唯有運用系統運作的方法，才能把生意做對、做大、做得更長久！

複製是系統的靈魂！

借力使力不費力

傳統生意中，想賺錢就必須具備某項專業技能。比如，你想靠理髮維生，就得會剪頭髮；你想成為廚師，就必須懂得烹飪。技能等於收入，缺乏專業，就難以立足。但組織行銷卻打破了這樣的框架。你不一定會，但通過和專業的人合作，進而借力，你同樣有成功的機會。

這樣的可能性，在傳統生意中幾乎不存在——我們常常花了多年時間在學校學習技能，進入職場後卻未必派得上用場。但在組織行銷的系統中，你可以在實戰中一邊學習，一邊獲利，將成長與收入同步進行，開啟完全不同的職涯模式。

借助幫扶團隊（A4-Team）丟掉失敗藉口

以下是推廣組織行銷時邀約者最常遇到的八大拒絕藉口：

第一、這個生意不好做。

失敗者找藉口；成功者找方法。組織行銷是最適合個人從事的生意。有些人之所以覺得不好做是因為沒有用專業的方法。他們接觸一個平臺後，就憑熱情去找人，遭到拒絕後就斷言組織行銷不好做的結論，這種情況我們認為：他們並沒有做過，只是試過。

第二、我的人脈太少。

時間和人脈是組織行銷的兩大成本，人脈確實重要。但你做

這個生意後，你對人脈的理解就不一樣了。好比說，你做這個生意之前，雖然接觸很多人，手中沒有可以向人推薦或介紹的產品或服務，所以，並沒有留意這些人，也不會去關心他們的需求。也就是說沒有用系統的方法經營人脈。你認識的人多，還是你不認識的人多？當然是不認識的人多。只要把不認識的人變成認識的人，你就有用不完的人脈。

第三、我的口才不好。

你真誠的心比你的口才更重要。這是一個團隊的生意，你可以借助或保薦那些口才好的人來輔助你。

第四、我太忙。

忙的人更需要做這個生意，因為這個生意的目的最終就是要獲得時間自由。而且很多人時間多卻沒事做，你可以和他們合作。

第五、上線不幫我。

一般的做法是借助「L線（諮詢線）」來做，而專業的做法是通過「S線（系統線）」尋找四個活躍的上線建立「幫扶團隊（A4-Team）」。這樣一來，即使一個人不幫或幫不上，也不會影響你的成功。

第六、上線不做了。

這是你的生意，你想成功，任何人都帶不走你的夢想。你可以借助活躍的「幫扶團隊（A4-Team）」來協助你。

第七、產品太貴不好賣。

再便宜的商品都會有人嫌貴，關鍵是要瞭解產品的益處和功能價格比，要從價值面去說動對方。

第八、我不想賺親戚朋友的錢。

因為你的推薦、說明、銷售，而節省了中間商的抽成及廣告費，這是你的勞動收入，實在沒有必要覺得不好意思賺親朋的錢。

系統的力量

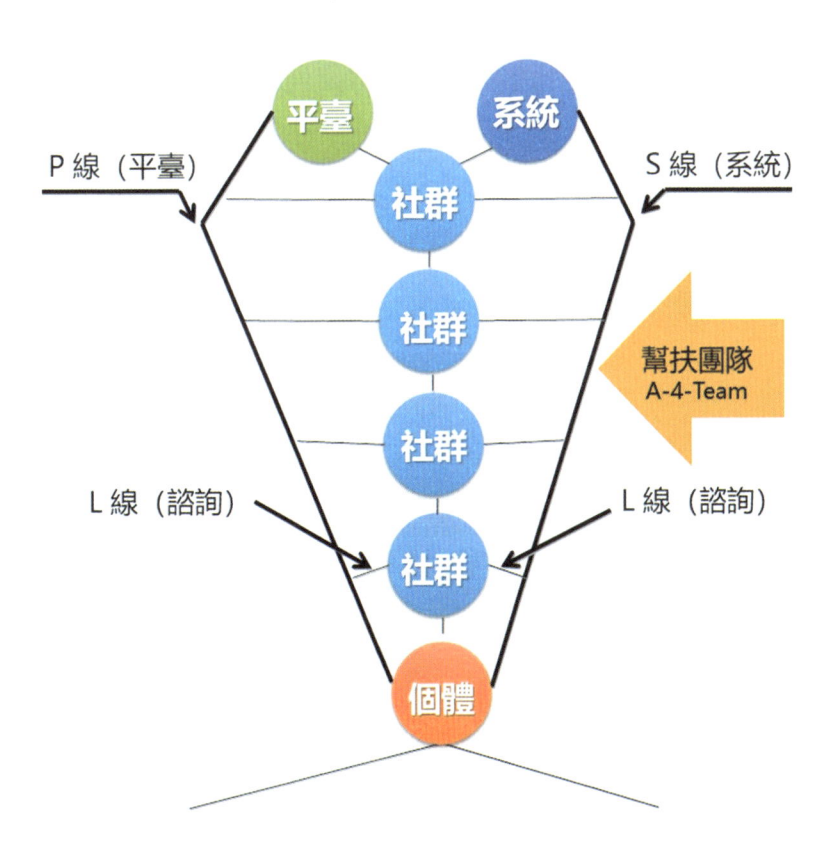

- 平臺
- 系統
- P線（平臺）
- S線（系統）
- 社群
- 社群
- 社群
- 幫扶團隊 A-4-Team
- L線（諮詢）
- 社群
- L線（諮詢）
- 個體

20
今天的決定就會影響我們的未來

許多人都渴望擁有一個美好的未來，卻常忽略了未來其實是由現在所塑造的。因為，未來的樣子，取決於你此刻所做的選擇。

在我們過去的經歷裡都有正面和負面的片段，無論這些經驗是直接的還是間接的，都在某種程度上影響著我們。所以，當我們遇到新的事情需要判斷時，這些經驗往往會左右我們的決定，而我們今天所做的決定，正是未來命運的種子──每一個現在的選擇，都是邁向未來方向的一步。

你的結果取決於你的假設

在做決定時，如果你的假設是「有可能」，你便會從過去與現在的經驗中主動搜尋支持這個觀點的正向資訊，也就是那些「可能的因素」。你所思考的、所說的、所採取的行動，都會圍繞著「可能」這個前提展開。最終，你也就更有可能實現這個假設。

相反地，若你一開始就認定「不可能」，那你自然會從既有經驗中收集負面的證據，尋找那些支持「不可能」的理由。於是，

你的思維、言語與行動也會朝著「不可能」的方向運作，結果也將印證你的預設。

因此，想要成功，就必須學會轉換思維，把「不可能」的假設，改成「可能」的假設。換句話說，成功的關鍵，不在於你能不能，而在於你想不想！

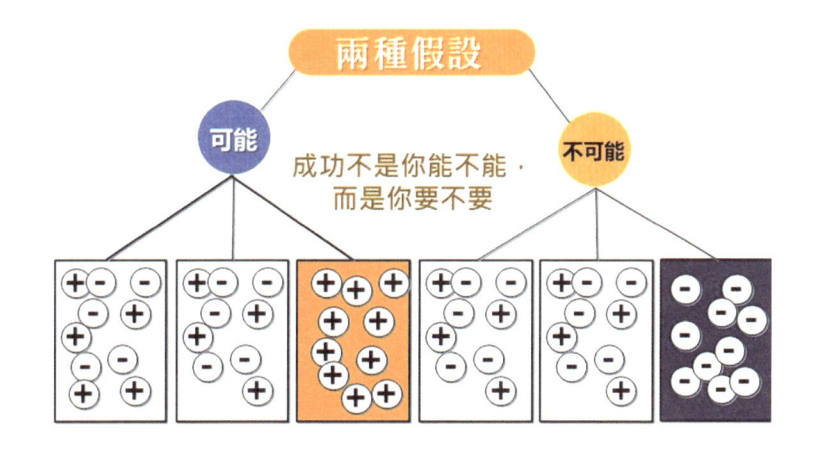

兩種假設

可能　　不可能

成功不是你能不能，而是你要不要

結論並不等於結果

心理學家將一條饑餓的大魚放在一個透明的魚缸裡，並在中間放上一塊透明的玻璃板，把大魚獨立隔在一邊，在玻璃板的另一面放上這條大魚平時喜歡吃的小魚。於是，這條餓壞了的大魚拚命地想衝上去一口吃了那些小魚，結果竟撞到玻璃板上。此時牠體會到無比的挫折感，但牠會不會就此放棄呢？

就像我們年輕時曾懷抱過許多夢想——想環遊世界、成為百萬富翁、取得博士學位，或找到命中註定的白馬王子。然而，在追夢的過程中，難免會遭遇各種挫折與挑戰。起初，我們總是充

A bucket of GOLD

滿熱情，毫不輕言放棄。

這條大魚也一樣，牠不放棄地再一次衝向對面，卻還是撞到玻璃板上。就這樣一次一次地衝過去，又一次一次地失敗，最後，這條大魚得出結論：我吃不到那些小魚。當牠得出這個結論時，牠就徹底放棄了。

此時，心理學家再將隔在中間的玻璃板取出來，那些小魚游了過來，甚至游到大魚的嘴邊，這條大魚也不會去吃那些小魚。為什麼？因為牠怕撞到玻璃板上。很多人也是這樣，在無數次的失敗後，對很多事情已經得出結論，於是，便放棄了，甚至當機會真的來到時，他們也不願意試一試。

做社群裂變的生意也一樣，你每天都會遇到一些消極的人。他們往往帶著過去的經驗與偏見，試圖澆熄你的熱情、動搖你的信念。這時你要做的，是保持積極心態，激發內心崇高的動機，並持續去尋找那些懷抱夢想、渴望改變的人。然後，透過平台與系統的力量，協助他們一步步實現夢想。

結論並不等於結果

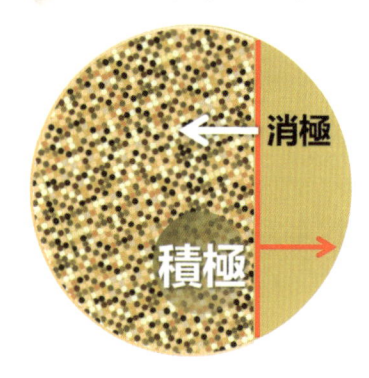

← 消極

積極 →

失敗的原因是問錯人
成功的方法是：找對的人做對的事

21
成功已成定局

成功者都有一個共通點：能看到別人看不見的未來。

- ✓ 比爾・蓋茲（Bill Gates）在微軟剛創業的時候，就想到了在未來每個人的桌子上都會有一台電腦；
- ✓ 雷・克洛克（Ray Kroc）在半個世紀前拜訪世界上第一家麥當勞店的時候，就看到了有一天黃金拱門會遍及全球；
- ✓ 一百多年前，可口可樂的投資者就預言那個在當時被很多人當成治療感冒的「藥水」，會成為人們的日常飲品。

當失敗者還在悔恨昨天的時候，成功者早已走到了未來。

> **成功者的思維方式是：將來完成時**

普通人的思維方式是過去完成時和現在進行時，而成功者的思維方式是將來完成時，而且是積極的。他們不對未來做任何假設，如果做假設，也是積極、樂觀的假設。

A bucket of GOLD

成功已成定局

　　成功者總是會先「跑到未來」看一眼。他對自己的未來有著清晰的藍圖，清楚知道自己成功時的樣子。然後，他會「以終為始」，帶著這個明確的目標，回到當下，踏實地展開實踐的旅程。對他而言，未來已不再是模糊的夢，而是可以掌握的現在。他會對自己堅定地說：「成功，已是定局！」至於沿途的坎坷、困難，甚至失敗，不過是通往成功的必經之路罷了。

22
可持續成功

有三名年輕人踏上了尋找黃金的道路，他們在沙漠中走到山窮水盡的時候遇到一位老者，並問老者：「到哪裡可以找到吃的、喝的東西呢？」

老者為他們指完路後，特別叮嚀三名年輕人：「你們找到後千萬別忘記帶一點東西以備將來的不時之需，」三個年輕人各有領悟地上路了。

三名年輕人按照這位老者的指引，終於在接近黃昏的時候，找到了一片綠洲。他們吃飽喝足後將要離開時，年輕人A想起了這位老者的話，看一下周圍，到處是仙人掌，遍地是荒蕪的沙漠，覺得沒什麼好帶的，於是空手走出了綠洲。

他們持續走了好遠的路，才找一處可以歇息的地方。第二天早上起床的時候，年輕人B大叫起來。因為他在自己的口袋裡發現了金沙，頓時高興得手舞足蹈。年輕人A這時也大叫起來，因為他什麼也沒有帶，氣瘋了。這時，年輕人C默不作聲地背起了滿袋子的金沙。

A bucket of GOLD

帶一點東西以備將來不時之需

有很多人都知道「未雨綢繆」這個成語，但有多少人能夠智慧地運用呢？在生活當中，我們常常聽得太多，悟得太少；說得太多，而做得太少。未來雖然不可知，但我們必須用系統的方法去規劃未來。因為，你不是在計畫成功，那就是正在計畫失敗。

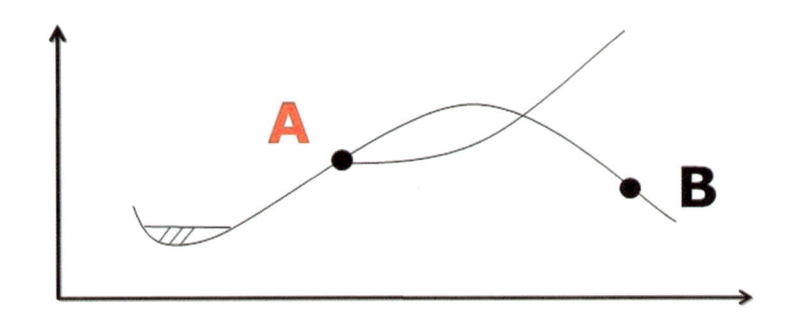

鋸齒型人生

一位學員來聽「系統大學」課程之一：「一桶金」，想瞭解一下自己的人生。在做生涯規劃的時候，他分享了自己的個人經歷。

他二十多歲的時候便來到加拿大了，來之前在中國做過導遊。在加拿大的第一份工作是洗碗，做了一段時間後轉行當麵包師傅。做了一段時間，又開始轉做期貨。隨後，他進一步轉向房地產業，並在這個領域取得了顯著的成功——幾年間累積了超過兩百萬美元的資產。有了資本後，他終於實現多年來的夢想：帶著兩百萬美元返回中國投資創業。在接下來的七年間，他先後創

辦了四、五家工廠，卻最終全數虧損，只得回到加拿大，重新開始。在加拿大開一家餐館，兩年後又把餐館賣掉，手裡剩下三萬美金，這時，他來加拿大整整二十三年。

我畫出了這位學員二十三年的人生曲線圖，是一個典型的「鋸齒型人生」。好在他的人生還沒有過完，如果「清點庫存」後準確定位，也許可以創造生命的奇蹟。但不是所有的人都像他這樣幸運，這個圖可能就是他們一生的「生命軌跡」，一系列得不到累積的鋸齒。

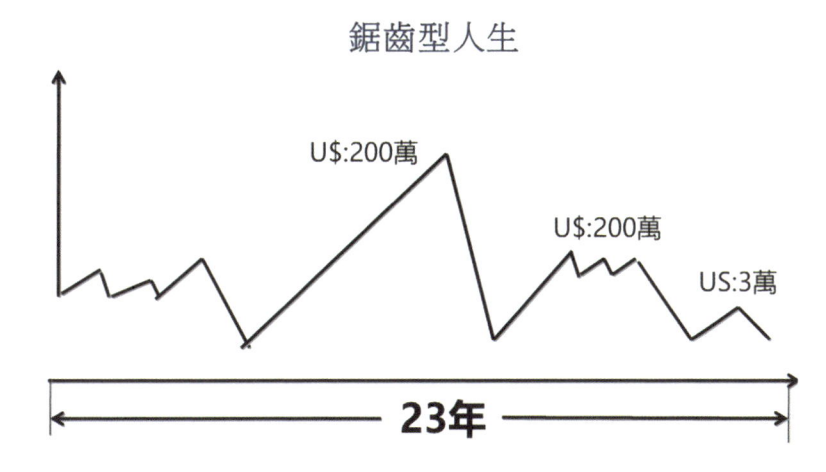

鋸齒型人生

U$:200萬　　U$:200萬　　US:3萬

23年

真正有價值的人生是：通過準確定位，不斷跨越成長障礙的「實線型人生」。

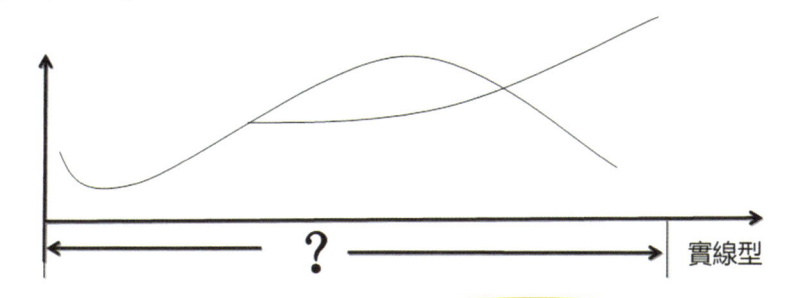

?　　實線型

A bucket of GOLD

從追求成功轉為追求價值與意義

我們出生的時候是握著拳頭來的，希望得到一切；但離開世界的時候，是空著手走的，什麼都沒有帶走；我們生下來的時候，是我們在哭，別人在笑。而死的時候，我們在笑，而別人在哭。其實，生命就是一個過程，如何在這個過程中過得有意義，如何開始這成功的生命旅程呢？就從接受改變開始吧！

我們之所以在這裡探討金錢的問題，不是過度重視金錢的本身，而是因為看到許多人因為金錢而失去了自己——生命中那些最重要的部分：親情、愛、關懷、付出、成長……以及所有讓人生美好的東西。

有時，我們為了賺錢而放下書本，犧牲了與智慧同行的時光；有時，我們遠離家人，錯過了與親人共度的溫暖時刻，只為了在市場中全力拼搏。這是人們在商業社會所遇到的挑戰，解決的方法只有一個：改變對金錢的態度，重新審視賺錢的方法，轉換以往對自身賺錢能力及賺錢周期的假設，用最少的時間成本去實現一生的財務自由，用省下來的時間去做更有意義的事情。

我們應該做什麼？

是賺一輩子的錢，還是一輩子賺錢？是墨守成規，還是勇於改變，思考這些問題前，讓我們分享一個小故事——

有一名師父要教導他的徒弟一個重要的道理，讓他的徒弟訓

練金魚學點頭。魚缸裡的金魚是什麼樣的呢？眼睛鼓鼓的，嘴巴一張一合，一張一合。這個徒弟不斷地對著金魚點頭。半個小時過去了，這時，只見魚缸裡的金魚，眼睛還是鼓鼓的，嘴巴一張一合，一張一合。

「師父，太難了！」徒弟沮喪地說。

師父說：「哪有那麼容易的事情，你一定要堅持，你堅持就會看到你想看到的改變！」

徒弟又不斷地沖著金魚點頭。

師父說：「你繼續堅持，我出去辦點事情。」

過了幾個小時，師父回來了。他打開房門，只見眼前這一幕讓他大吃一驚——魚缸裡的金魚，眼睛還是鼓鼓的，嘴巴一張一合，一張一合。再看他的徒弟：眼睛鼓鼓的，嘴巴一張一合，一張一合。

這個世界：

你不能改變別人，就會被別人改變

成功，是指個人確立並實現對成長有建設意義，同時獲得社會認可和他人尊重的目標的全部過程。

今天是你餘生的第一天……

① 心智模式
② 生涯規劃
③ 時間舵手
④ 演說交際
⑤ 團隊致勝

心智模式

　　心智模式是個人與組織成長的關鍵平臺。一個人的成敗、高低成就，甚至財富多寡，往往都是由心智模式決定的。

　　企業組織亦然——全球創業發展歷程已歷經三代、十個階段，從早期比的是膽量，到今天第十階段，企業家開始比的是胸懷與格局。未來，誰擁有更優化的心智模式，誰就能掌握財富的主導權與競爭的主場優勢。

　　因此，在組織發展中，首要之務是搭建一個「心智平臺」，唯有人先被建構，舞臺才能展開，價值才得以實現。當組織中的每一個人都願意持續修煉與優化自己的心智模式，許多原本難解的問題自然能迎刃而解。從「小白」到「全懂」，這是一條每個人都必須經歷的心智進化之路；而組織行銷的成功，也正是從改善心智模式開始。

23
改變，從心智開始

如果您是第一次進入「心智模式」學習系統，一定要按如下順序學習！

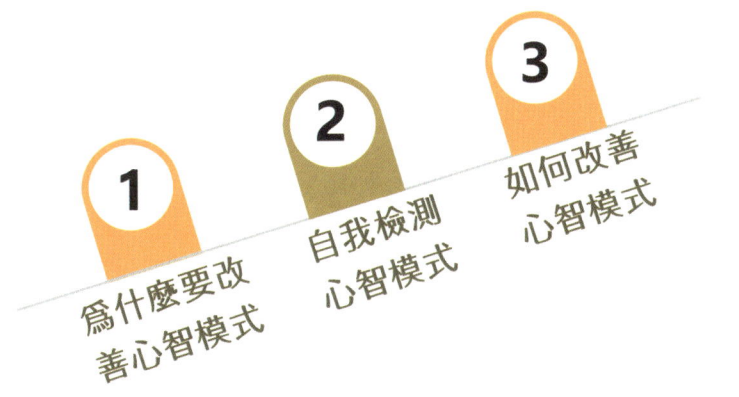

1. 為什麼要改善心智模式
2. 自我檢測心智模式
3. 如何改善心智模式

首先我們來看一則小故事——百年歷史的北京大學的校園裡學生們議論紛紛著一件事，女學生們流行起穿超短裙，而且有越穿越短的趨勢。校方認為太短的超短裙有傷大雅，於是有意禁止。消息傳開後，學生們聚在一起七嘴八舌地討論起來，有的人認為應該禁止，有的人覺得不必大驚小怪，首先是中文系在宣傳欄裡挑起了爭論，隨後，其它系也紛紛表明了自己的觀點：

由超短裙看心智模式多樣性

- ☑ **中文系**：幾千名師生齊爭吵，只因裙子太短，具體情況怎麼樣，請見宣傳欄報導。
- ☑ **美術系**：維納斯證明適度的留白與缺失，更能突顯美感。
- ☑ **法律系**：法律禁止的只是原告由超短裙萌發的邪念，而非被告所穿的超短裙，
- ☑ **經貿系**：不管校方給所有男生推銷有色眼睛，還是給所有女生推銷黑色長襪，我們都入股。
- ☑ **生物系**：人與猩猩的根本區別不是裙子的長短，而是看見長裙與短裙能否產生不同的想像。
- ☑ **體育系**：只有穿長褲的守門員，而沒有穿短褲的前鋒和後衛，還能叫足球隊嗎？
- ☑ **政治系**：從長裙到短裙，再到超短裙，這恰恰是民主集中制的最有力的體現。
- ☑ **公關系**：如何讓對手的目光降低，正是我們四年寒窗所追求的談判藝術。

這些幽默而各具觀點的回答，揭示了不同學科對同一事件所持的立場與表達方式，差異極大。這正反映出：一個人的心智模式，來自其過往的經歷與當下所扮演的角色；而不同的心智模式，將導致人們對同一件事的認知、詮釋與傳播方式產生巨大差異。

試著想一想，當我們面對他人所累積的龐大財富時，或許會覺得遙不可及、難以企及。

但仔細回想，那些富豪或成功人士在崛起的關鍵時刻，我們其實也在場，也活在同一個時代。為什麼有些人能夠抓住機會，而有些人卻錯過了呢？

原因其實很簡單，讓我們再次強調——

因為我們的心智模式不同，
所以面對相同事件時，產生的反應也截然不同。
你對正在發生的事件所做出的反應，將深刻地形塑你的未來。

為什麼要改善心智模式

- 更快樂！
- 更富有！
- 更容易抓住機會！
- 朋友越來越多！
- 工作越來越有效率！
- 越來越有成就！
- 越來越成功！

24
自我檢測心智模式

🧭 **第一個測驗：**

> 你看到的是什麼？

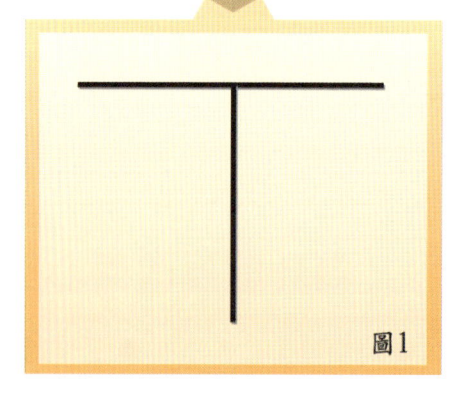

圖1

大多數人會說：這個圖裡有一個「T」的圖形。
沒錯！我們看到了一個「T」。

現在讓我們看下一張圖，在下頁的圖2中，您看到了什麼？
圖2中有五組圖形：A、B、C、D、E。
有的人說在A組圖形中看到兩個「T」上下放在一起；有的人認為A組圖形是一個「干」字；有的人在B組圖形中看到三個

「Ｔ」放在一起；有的人認為Ｂ組圖形像一個「貢」字；有的人認為Ｃ、Ｄ及Ｅ組圖形都是兩個「Ｔ」以不同方向放在一起，有的人認為Ｅ組圖形看起來像一個「工」字。

這些圖是什麼？

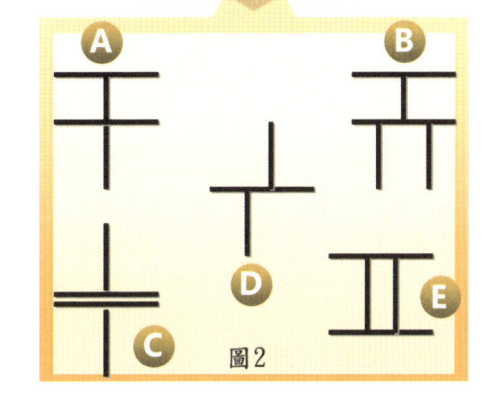

圖2

終於有人發現了秘密：原來這五組圖形是「Ｔ」的組合！

在這個測驗中，只要有人發現了這五組圖形是個「Ｔ」的組合，大多數人都會同意這個人的觀點。

其實，凡認為這是「Ｔ」的組合的人，都已經掉進了心智模式的陷阱！

想一想，為什麼你會認為它們是「Ｔ」的組合呢？很簡單：因為你以前看過「Ｔ」。

有的人會說：「我沒有掉進去，我認為Ａ組圖形是『干』字。」

但其實再深入去想：你為什麼認為它是「干」字呢，是因為你以前看到過「干」字。若是讓不認識漢字的人來做這個測驗的

話，就沒有一個人會說這是「干」字，因為他（她）從來不認識這個字。他（她）可能會說：「Ａ組圖形是個『天線』。」

心智陷阱1：過去的經驗

在這個測驗中，我們不知不覺地掉進了心智模式的陷阱之一：過去的經驗！其實，這五組圖形中，你可以有很多種解答。

心智陷阱——過去的經驗

你看到的是什麼？ 這些圖是什麼？

過去的任何經驗，都可能將你的思維局限於一個特定的框框裡。並讓你透過這副「過去經驗的眼鏡」來看後來發生的任何情況。這就是所謂的過去經驗的陷阱。

有的時候，過去的經驗是靠不住的。我們時常會聽到有人得意地說：「我走過的路比你走過的橋都多；我吃過的鹽比你吃過的米還多。這件事，憑我的經驗應該這樣做！」

新的事物可能和過去的類似，但一定會有不同點。不能過於依據過去的經驗機械地評判未來。這也正如一句被人熟知的話：「過去並不代表未來！」

獲得超凡自由的新觀念

只要從現在開始致力於改善心智模式，不被過去束縛，你會發現有很多成功的機會正等著你！

第二個測驗：

圖案中有幾個實心黑圈？

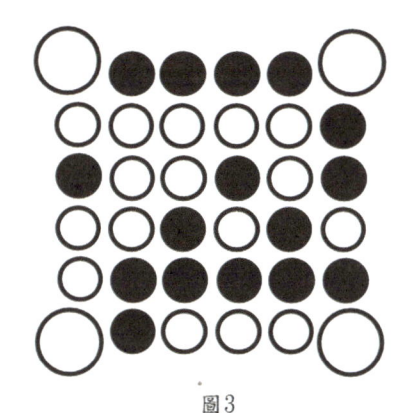

圖3

您得到答案了嗎？

請再來回答下面的問題：圖案中有幾個實心黑圈？

圖4

您的答案是多少個「實心黑圈」？

093

A bucket of GOLD

針對圖3提出的問題，您的答案應該是16個「實心黑圈」！您是如何得到這個答案的呢？當然是「數」出來的！「16」是正確的答案。

針對圖4提出的問題，您的答案應該是28個「實心黑圈」！您是如何得到這個答案的呢？可能有兩種方法：一種是用「數」的方法，另一種是「乘減」的方法。也就是6×6=36個圈減掉8個白圈，等於28個實心黑圈。

心智陷阱2：過去的解答

我相信您是用「乘減」的方法得到「28」這個正確答案的，但您是否認為，在您說出「28」這個答案的時候，許多人還沒有得到答案，是因為他（她）還在那裡「數」黑圈呢！

這就是我們一般人會遇到的第二個心智陷阱：過去的解答！

心智陷阱——過去的解答

圖案中有幾個實心的白圈

當人們找到解決某個問題的方法後，往往會習慣性地重複使用相同的方式來處理類似問題。即便這個方法已顯得笨拙、費力，甚至過時，人們仍會依賴它，因為它曾帶來過成功。這種依賴過去成功經驗的傾向，就是所謂的「成功的陷阱」。

「過去的解答」，正是「成功的陷阱」的最佳代名詞。商場上有句名言：「勝者必衰」，提醒我們——有時候，成功才是真正的失敗之母。

人們的成功多半來自兩種方式：一是「摸索」，二是「學習」。而大多數人，是靠「摸索」走出一條成功之路的。

然而，透過「摸索」而來的成功，往往伴隨著挫折與失敗。於是，人間就有了一句諺語：「失敗是成功之母！」其實，不管過去的經歷是成功還是失敗，如果依此而形成僵化的心智模式，而這種心智模式又機械地折射到未來的話，所得到的結果往往只有一個，那就是——失敗！

想像一下，冰箱裡的雞蛋如果放了有半年之久，你還會吃嗎？當然不會。為什麼呢？很簡單，因為雞蛋早已過了保存期限。

成功的方法就如同你所吃的食物一樣，也有它的保存期限。食用過了保存期限的食物，人會生病，甚至會死亡。同樣地，倚賴過期的成功方法，也會讓人陷入困境甚至走向失敗。

第三個測試：

你看到幾個方塊？

圖5

針對圖5提出的問題，您是不是就立即說出：16個！16個？

不對！是17個！不！是18個！更多！

心智陷阱3：空間的障礙

為什麼看到圖5的時候，馬上就回答16個，很簡單：那些條條框框限制了我們，當我們突破這些條條框框的時候，我們的答案也就變多了。

圖5到底有多少個方塊？這並不重要，反正不是16個，如果您找不到28個以上，說明您已經掉進了第三個心智模式的陷阱：空間的障礙！

心智陷阱——空間的障礙

當你的視野被空間所限，你的發現就可能最少！

你看到幾個方塊？

在任何情況下，都有許多可能的感覺、觀點、可能性及解答。所以，只有容許自己打開思想，接納其它的可能性或觀點，你才能發現眼睛所見以外的東西

　　幾千年來，人類一直為突破空間障礙而努力。從農業時代的漂洋過海，到工業時代的宇宙飛船，再到網絡時代的互聯網，無一不體現人們突破空間障礙的夢想。

　　從經濟形態上來講也是如此，組織行銷、社群行銷、電子商務的出現在某些意義上已改變了國家的概念。不管你的生意有多小，只要你有能適合其它市場空間的同質化成功模式，你的生意就可以突破空間的障礙而變得越來越大。

　　從個人角度來看，我們的成功取決於三個變量：物質、時間和空間。在物質能量相近，時間差不大的情況下，人們往往就會去拚空間上的差異。

　　受空間所障礙的特徵之一是：固守家園，不圖發展；特徵之二是：空間已有變化，但不去改變物質以適應新的空間。

🧭 第四個測試：

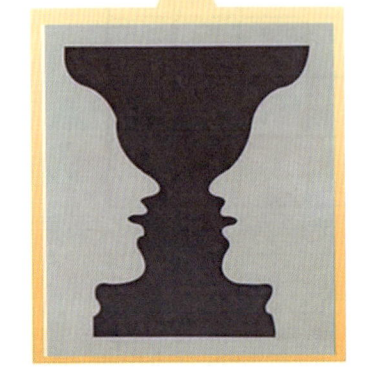

圖6

圖7

請先看這兩張圖再回答下面的問題：

針對圖6的問題，您的答案是什麼呢？是兩個人頭相對？有沒有看到其它的圖形？

是不是這才發現：中間是個「寶塔」圖形（當然，也有人說像「燭臺」）。

🧭 心智陷阱4：背景中的主題

在圖7這張圖裡，有的人發現了一個老太太的頭像，您看到了嗎？有的人看到了一個少女的側面像，您發現了嗎？

如果這些答案您都發現了，說明您沒有掉進第四個心智陷阱：背景中的主題！

當我們傾向於將注意力放在一個場所或情景中最顯著的特徵上時，就往往容易忽視其中較不明顯，卻十分重要的因素。而當這種看法滲入自我因素後，就更容易抗拒其它想法，於是就掉進主題及背景的陷阱。

心智陷阱——背景中的主題

你看到了什麼？

當我們傾向於將注意力放在一個場所或情景中最顯著的特徵上時，就往往容易忽視其中較不明顯，卻十分重要的因素。而當這種看法參入自我因素後，就更容易抗拒其它想法，於是便掉進主題及背景的陷阱。

第五個測驗：

你看到了什麼？

圖8

A bucket of GOLD

　　有的人說：在圖9中我看到了深淺不一的圖形；有的人看到了一棵樹；有的人認為是一個教堂；還有的人覺得是一個人在叼著菸斗。如果將眼睛瞇起來，透過眼睫毛去看，就會得到答案。這也正如我們把圖形縮小之後，在圖9中所看到的一樣。

圖9

心智陷阱5：真實中的焦點！

　　看到一個人的頭像，只是在真實中發現了視覺的焦點，而能看到這是美國第十六屆總統亞伯拉罕·林肯的頭像，才算突破了文化的障礙發現了另一個焦點。

　　生活在同一個時間與空間的人們，按理來說，應該具備同樣的機會。但是為什麼財富與成就各有差異？原因之一是：雖然處在同一個真實的世界，由於心智模式不同，從真實中看到的焦點也不一樣。

心智陷阱——真實中的焦點

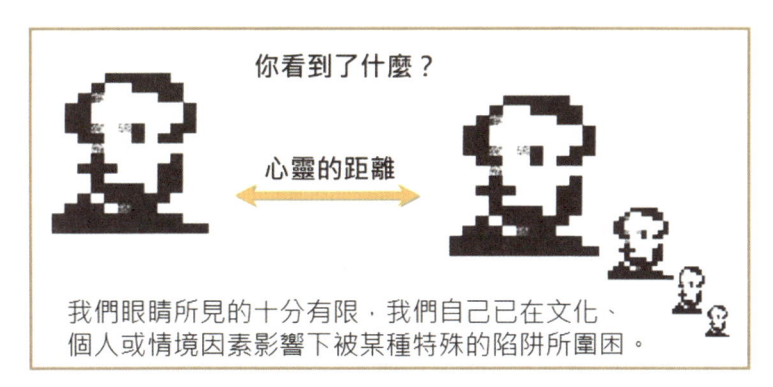

你看到了什麼？

心靈的距離

我們眼睛所見的十分有限，我們自己已在文化、個人或情境因素影響下被某種特殊的陷阱所圍困。

🧭 心智陷阱——阻礙我們發展的習慣

面對他人的成功，那些習慣自我安慰的人常說：「我只是沒趕上好時機。」但事實是：每一個時代，都有創造財富與成就偉業的機會。

真正的關鍵在於——你是否看見了成功與財富的焦點！

你或許錯過了1975年，沒有成為比爾‧蓋茲，建立微軟帝國；也錯過了1954年，未能像克羅克一樣，把麥當勞推向全世界；甚至錯過了1903年，沒有成為萊特兄弟，改寫人類飛行史。但有一點可以確定：你的生日，絕對早於「雅虎」與「亞馬遜」的創立日期。你早已達到可以創業、啟動夢想的年紀。

機會與財富，其實從不曾遠離我們的生活，而是藏在我們是否「看見」與「行動」之間。只有當你把焦點放在「機會」與「價值」上，才能真正掌握它們。

A bucket of GOLD

這正是我們成長過程中最常面對的——心智陷阱。從現在開始，讓我們一起啟動心智模式的修練，透過持續優化心智模式，搭建個人成長與轉型的基礎平臺。

心智陷阱——阻礙我們發展的習慣

```
         過去的成功
              ↑
過去的經驗 ← 心智陷阱 → 空間的障礙
              ↓
   真實中的焦點   背景中的主題
```

真正的自我實現，不是靠別人，也不是靠環境或學歷，而是靠你自己。

你是否已經準備好，喚醒內在那位「沉睡的巨人」？

你是否準備好，釋放自己被習慣、規範甚至自我設限壓抑已久的潛能？

你是否願意讓自己變得更卓越、更有影響力？

這一切的關鍵都不在外界，而在你心中。

請記住：開啟成功之門的鑰匙，就握在你自己手中。

25
如何改善心智模式

您現在就可以進行改善心智模式的修練。借助改善心智模式，使您的生活發生徹底的改變！

突破限制開發潛力

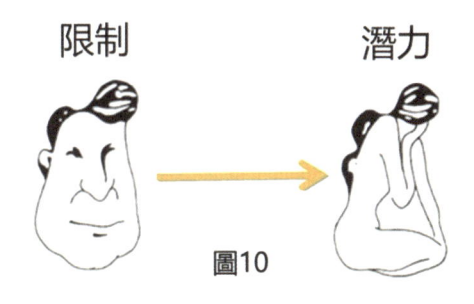

限制 → 潛力

圖10

正如圖10所示：左邊是一個男人的面孔，代表我們的限制；右邊是一個裸體的少女，代表我們的潛力。如何把左邊男人的面孔變成右邊裸體的少女？也就是說：如何突破、開發潛力？

其實，方法很簡單，那就是：每次只要改變一點點！

開始創業最重要的就是改善心智模式，而改善的前提是瞭解。

A bucket of GOLD

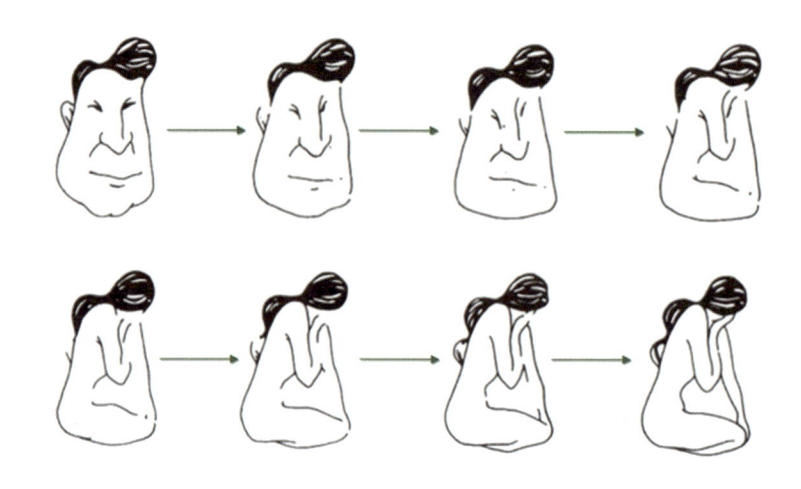

人類不可能從自己完全不了解的事物中獲得真正的益處。好消息是：你現在已經開始認識並理解自己的心智模式，接下來要做的，就是持續地改善它！

在成功的價值鏈中，改變是從心智開始的：有什麼樣的心智模式就會有什麼樣的想法，而有什麼樣的想法就會有什麼樣的行為，行為的累積就成為一個人的行為模式。行為模式的長期積累就變成一個人的習慣，而習慣的持續堆疊就演變成一個人的性格，而性格最後決定了一個人的命運！

改變命運的鏈環

行為模式 → 習慣 → 性格 → 命運 → 心智 → 想法 → 行動 → 行為模式

地球不自轉，就不會有明天。
如果你不變，也同樣不會擁有未來。

成功有沒有捷徑？
誰說成功沒有捷徑？不走彎路本身就是捷徑！
其實，最根本的改變是從心智模式開始！

領薪水的上班族和自主創業的心智模式有很大差異。大多數員工認為自己的工資是老闆給的，所以，普遍的心智模式就是：「老闆給我多少錢，我就做多少事。」而創業者則不一樣，他們的心智模式是：「我做多少事、創造多少價值，就能賺到相應的收入。」所以，從這個角度來看，創業者的收入是誰決定的？答案很明確：是自己！

對於一位自主創業者來說，想要提升收入其實並不複雜——只要做好自己、配合他人、創造環境，想要賺到人生的第一桶金，只是時間早晚的問題。

然而，在現實中，即使有些公司擁有一流的人才、一流的技術、一流的資金，最終卻只能交出三流的成果，難以有效解決問題。為什麼會這樣？原因就在於：在組織建設中，忽略了最關鍵的一環——心智模式的改善。

> 今日，競爭力的公式已經變成：
> **競爭力＝心智 × 人脈 × 時間**
> 讓我們從「心」開始吧！

A bucket of GOLD

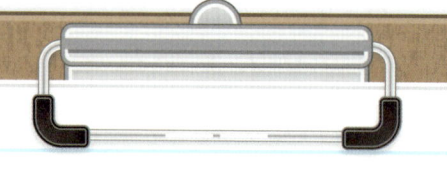

心智模式的十大修練法則

1. 領導者通過不斷改善自身的心智模式,可提升組織管理的能力。
2. 不要把自己所偏好的心智模式強加在人們身上,應由人們自己的心智模式來決定如何做,才能夠發揮最大的效果。
3. 每個人對於按照自己的看法所做的決定有更深的信念,執行也較有成效。
4. 擁有較佳的心智模式,較易順應環境的改變。
5. 領導者很少需要直接做決定。他們的角色是透過檢驗或增益組織成員的心智模式來實現。
6. 多樣化的心智模式造成多樣化的觀點。
7. 群體所能引發的動力和累積的知識高於個人。
8. 不刻意追求群體之間看法一致。
9. 如果課程發揮預期效用,會產生意見調和一致的效果。
10. 領導者的價值是以他們對別人心智模式的貢獻來衡量。

獲得超凡自由的新觀念

人 / 事 / 物 → 定義 假設 結論

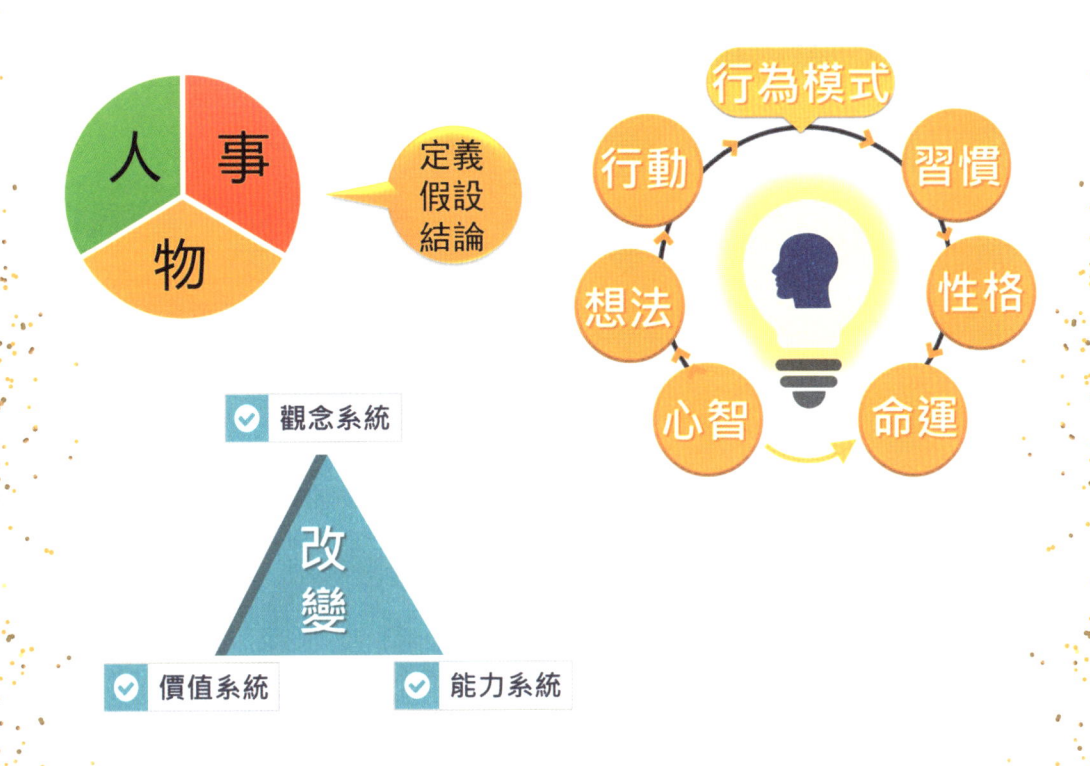

行為模式 → 習慣 → 性格 → 命運 → 心智 → 想法 → 行動 → 行為模式

- 觀念系統
- 價值系統
- 能力系統

改變

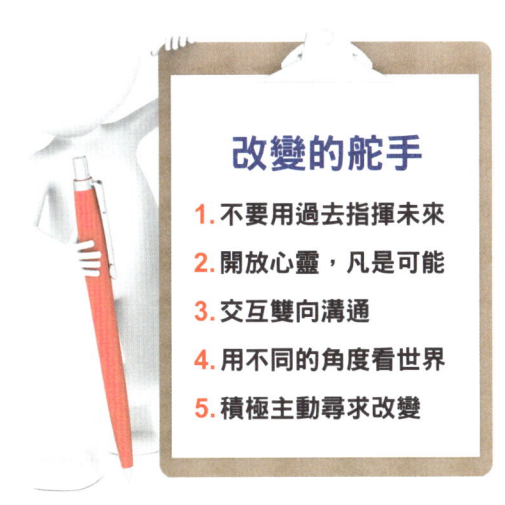

改變的舵手
1. 不要用過去指揮未來
2. 開放心靈，凡是可能
3. 交互雙向溝通
4. 用不同的角度看世界
5. 積極主動尋求改變

107

A bucket of GOLD

心智陷阱
- 過去的成功 (05)
- 過去的經驗 (01)
- 空間的障礙 (02)
- 背景中的主題 (03)
- 真實中的焦點 (04)

我們的改變方向
1. 不用過去指揮未來
2. 全面客觀看待世界
3. 雙向溝通智慧選擇
4. 積極主動尋求改變

如何提升自我創造財富

1. 每天學習（線上線下每天60分鐘）
2. 每天運動（30分鐘無氧運動減脂增肌，30分鐘有氧運動強化心肺）
3. 樂於結識成功人士（建立人腦聯網的高速公路）
4. 追求自己的夢想和生命目標（不要活在別人的世界裡）
5. 堅持早起（讓每一天都有效率）
6. 有多種收入來源（百萬富翁都有SBI整合收益）
7. 有心靈導師的引導（不為同一失敗付兩次成本）
8. 積極的人生態度（每個人都有兩面）
9. 不盲目從眾（掌控自己的人生曲線）
10. 懂得為人處世與待人接物（人生成功的典範）
11. 幫助同類人成功（助人者人恆助之）
12. 每天花30分鐘時間思考（想清楚才能做明白）
13. 歡迎批評與指教（找到修正你的參照系）

生涯規劃

　　市場經濟中，每個人必須「商品化」，必須找到自己的市場定位與價值。所以，要想成功就必須學會如何企劃與經營自己。

　　「產品化」是經營人生的第一步。首先，要透過盤點自己的能力與資源，為自己做出準確的定位；接著，透過「商品化」的策略，將這份價值推向市場、發揮最大效益。事實上，當我們踏入社會的那一刻，就好比一家公司股票正式上市。在這場人生的股市中，如何掌握自己的命運？如何實現自我控股、主導方向？這些問題，都將在接下來的「生涯規劃」主題中找到答案──幫助我們學會最有效的生命經營法。

26
經營自己的人生有限公司

　　除了少數的成功者,絕大多數人都遭遇過失敗或正在失敗。失敗有很多原因,最主要的原因是:

第一、沒有看人生的說明書。

第二、我們的身邊沒有成功的人。

第三、我們的成功是用摸索的方法獲得的。

第四、我們從來沒有學習過系統創富。

第五、我們沒有把自己當成產品來塑造,並當成產品來經營。

為什麼會失敗

← 為摸索成功所付出的代價

哪種失敗更有價值?

為學習成功所支付的成本 →

從今天開始,就讓我們有系統地規劃生涯吧!

獲得超凡自由的新觀念

　　美國卡內基機構歷時七年，花了幾百萬美金做了一項調查，以瞭解一個人職場成功的關聯因素。最後結果指出：一個人事業上的成功，其中只有15%取決於他的專業技術，而另外的85%取決於他的人際關係和做人技巧！而這85%的因素中，排在首位的是「態度」！

　　因此，想成功首先要學會三件事：

- ☑ **第一：感恩**——我怎樣做才能幫到你。
- ☑ **第二：欣賞**——帶著欣賞的眼光看人。
- ☑ **第三：包容**——帶著包容的心態做事。

成功不僅是一種主觀評價，也包含來自社會與環境的認可。
所謂的成功，是指一個人能夠確立並實現對自身成長具有積極意義的目標，
同時獲得社會肯定與他人尊重的整個過程。

　　「如果我們選擇了最能為人類福祉而勞動的職業，那麼，重擔就不能把我們壓倒，因為這是為大眾而奉獻，那時我們所感受到的就不是可憐的、有限的、自私的樂趣，我們的幸福將屬千百萬人，我們的事業將默默地、長久地發揮影響；當人們站在我們的墓前，高尚的人將為我們落淚」。

——卡爾‧馬克思

A bucket of GOLD

成功方程式

成功＝品質＋激勵 × 努力 × 方向＋環境互動

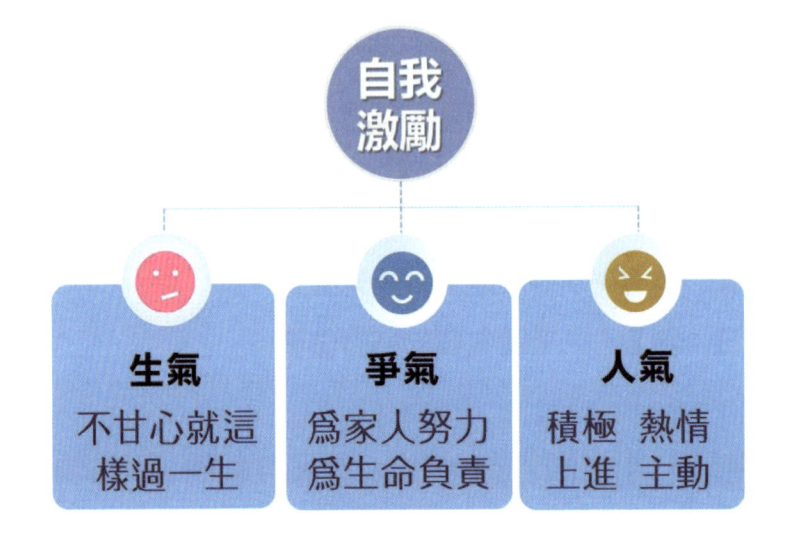

```
        自我
        激勵
   ┌─────┼─────┐
  生氣   爭氣   人氣
不甘心就這 為家人努力 積極 熱情
樣過一生  為生命負責 上進 主動
```

人的一生最難管理的就是自己的欲望，而最難控制的就是自己的情緒。

步入社會之後，難免會碰上不如意的事情，而這個時候，就是學習和鍛鍊的最佳時機。

如果有不如意的事情發生，請記住這兩句話：

1. 在這個世界上，所有發生的事情一定有它的必然性，而且將有助於我。
2. 太好了！這件事情竟然發生在我的身上，使我又有了一次成長的機會！

請在心裡默念這句話！直到你從所發生的事情中得到正向的能量。

"**成功是一種責任，失敗是不道德的！**"

生涯五階段

我們每一個人的人生，有五個階段要走，請看下圖。

生涯五階段

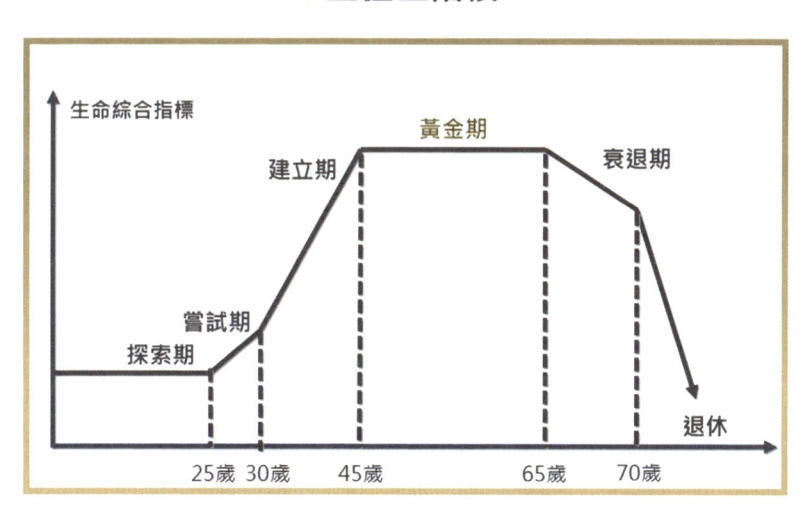

生命綜合指標 / 探索期 / 嘗試期 / 建立期 / 黃金期 / 衰退期 / 退休
25歲　30歲　45歲　65歲　70歲

人生不該就這樣白白走過。我們應該努力實現那些長久以來深藏心中的願望，去追求夢寐以求的健康、財富、快樂與自由！我們要盡情享受生命的美好，深刻品嚐成功的滋味——而不是無奈地付出生命的能量，卻只能換來痛苦與煩惱的回報。

我們渴望的是這樣的人生：付出與收穫同樣有價值，每一份

努力都能產生意義。一句話——我們以生命為代價，所換得的，應該是生命在與社會連結中激盪出的真正快樂！

所以，不要應付老闆、不要應付領導、不要應付別人，到頭來應付的是自己。

生涯類型

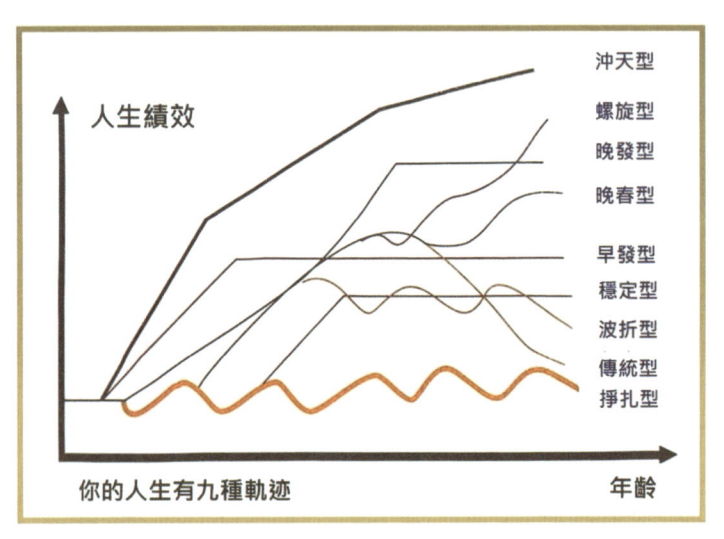

人生績效／沖天型／螺旋型／晚發型／晚春型／早發型／穩定型／波折型／傳統型／掙扎型／你的人生有九種軌跡／年齡

人生的關鍵時刻往往只有幾步，務必要把握住！從現在起，停止盲目摸索，開始主動學習！

成長的第一步，就是勇敢地向他人提出這句話：「您可以教我怎麼做這件事嗎？」無論對方的年齡、身份或學歷，只要他是你的主管或領導，就值得你虛心請教。

不要害怕問題，更不要裝懂。記住：人類所有的財富，都藏在問題的背後。你能解決多大的問題，就可能收穫多大的成就。

你對一個組織的價值，正取決於你能解決多大的問題。

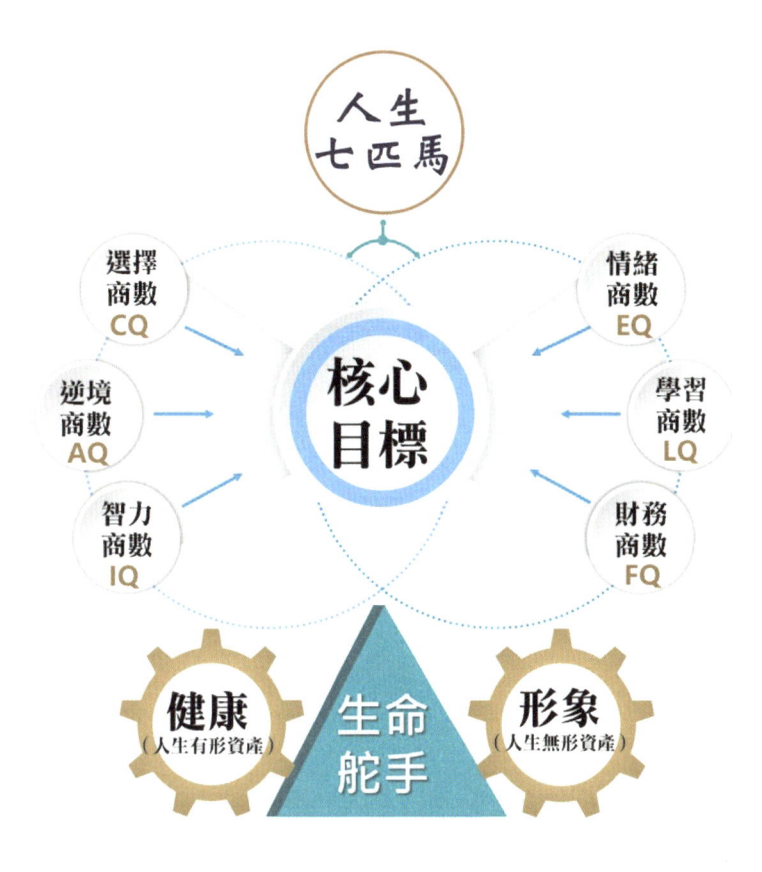

```
                    人生
                   七匹馬

    選擇                        情緒
    商數                        商數
     CQ                         EQ

逆境                                    學習
商數          核心                      商數
 AQ          目標                       LQ

    智力                        財務
    商數                        商數
     IQ                         FQ


    健康          生命          形象
 (人生有形資產)   舵手      (人生無形資產)
```

我們不是沒有成功過，而是沒有把所有的成功鏈接在一起形成人生的價值鏈；我們不是沒有努力過，而是沒有把所有的努力聚焦到一個方向！

你就是那個趕車的人！生命的戰車要麼前進、要麼後退，這世界從來就沒有靜止的狀態。你不是在計畫成功，就是在計畫失敗！

A bucket of GOLD

找到你的核心目標，這是你生命存在的價值！有了它才能評估你的努力。你的付出是否有價值，它是七匹馬中最重要的一個！

人生，應該倒著活

人生的終極使命是：完善自我、幫助他人、回饋社會！而大多數人畢生追求的不外乎：**財務自由、時間自由、心靈自由**。

人的快樂與幸福不僅取決於目標是否達到，更在於為目標奮鬥的過程。當全面規劃生命目標的時候，就不會在生命的進程中出現盲點和誤區。

多數人活著的方式，往往是順著時間流走：從小被問「長大後想做什麼？」於是努力學習、追求名利，最後做上了一個職位、達成了一些成就。卻發現，得到了某些東西，卻沒感受到真正的快樂。這時才悟到：做什麼並不一定意味得到什麼，而得到什麼並不意味成為什麼樣的人。

所以，人生應該倒著活！從終點開始設計起點：

☑ 你最終想成為什麼樣的人？

☑ 你真正想得到的是什麼樣的生活？

☑ 為了達成這些，你現在該做哪些正確的事？

當你清楚了「成為誰」，再來選擇「做什麼」，自然也就能真正「得到」你想要的，不只是物質，更是內在的滿足與意義。真正成功的人生，不是從機會出發，而是從使命出發；不是隨波逐流地前行，而是清醒覺知地倒著活。

一個價值、三大自由、六項圓滿

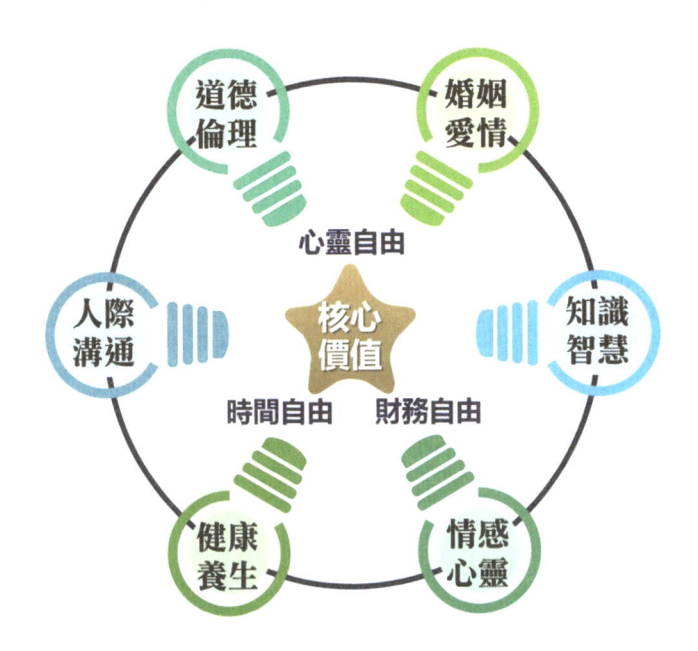

```
       道德倫理              婚姻愛情

                 心靈自由

  人際              核心               知識
  溝通              價值               智慧

           時間自由    財務自由

       健康養生              情感心靈
```

建管道得自由的最佳途徑：創業

好好把握這個時代給我們的機會吧！將你的個人生涯規劃和創業規劃緊密結合在一起！因為創業的本身不僅是獲得生存的途徑，更是你人生重要的組成部分！

珍惜你在創業中的每一天！經常問自己：我努力了嗎？我全力以赴了嗎？我為社會和他人提供價值了嗎？

有的時候，做好一件事情和做好很多事情的原理是一樣的！千萬別指望下一次，人生只有這一次！

A bucket of GOLD

正確選擇
耐心經營

成功是一種責任
失敗是不道德的

學習實踐

幫助他人
成全自己

世上所有美好的
東西都是激勵我們

分享經營

正確選擇
人才有舞臺
才有價值

系統是成
功的秘密

建立團隊
幫助他人成功
自己就會成功

美好事物
為我存在

經營你自己——人生有限公司
1. 才能（知識、專業、經驗）
2. 精力（精神、體力）
3. 時間（生命、目標）
4. 想像力（預見力）
5. 專注力（保證方向）
6. 決策力（資）

10項成功法則

1. 成功意識
2. 目標設定
3. 激勵因素
4. 競爭動因
5. 向高手學習
6. 用心去做
7. 心理素質
8. 團隊協作
9. 幻想成功
10. 堅持到底

你現在選擇的平臺，
進入的系統，
融入的團隊，
將決定五年之後
成為什麼樣的人！

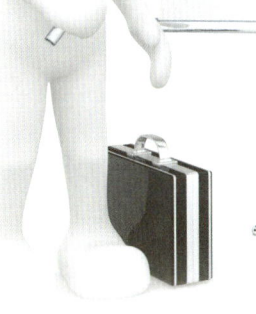

① 心智模式
② 生涯規劃
③ 時間舵手
④ 演說交際
⑤ 團隊致勝

時間舵手

　　你對時間的態度將決定你的生活狀態，同樣，你把時間分配給什麼樣的人，你就會成為什麼樣的人。

　　「時間舵手」將教你如何以效果導向去計畫每一個目標的時間成本。現在，不是比你能不能成功，而是比你願意為成功投入的時間有多少。在講求速度與效率的時代，「時間舵手」將以顛覆傳統的全新視角重新詮釋成功。

你知道嗎？ 100 位經理人中

- 只有一位認為自己有足夠的時間
- 十位需要 10% 的額外時間
- 四十位需要 25% 的額外時間
- 四十九位需要 50% 的額外時間

27
時間的意義

我們以每一個人都能活到80歲來算一算時間這筆帳：

80×365=29,000日，29,000×24小時=700,800小時，700.800×60分=42,048,000分，42,048,000×60秒=2,522,880,000秒

人的一生如果活到80歲，就是由2,522,880,000秒組成。而現在你已經提取了許多時日，在你的生命的庫存中也許只剩下九位數、八位數，甚至更少！我不敢斷定你是否早已功成名就，但我敢說，你剩下的時間並不多，而你要做的事卻多得數也數不清。

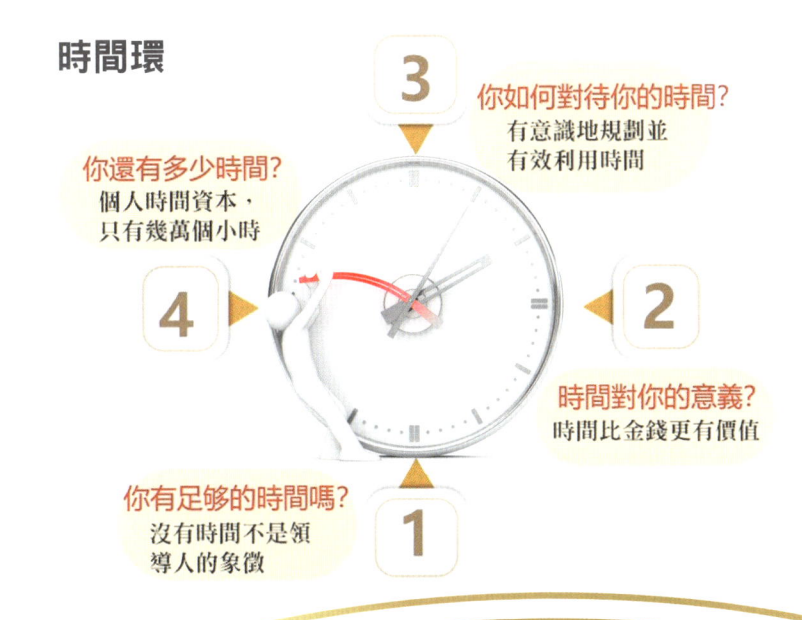

時間環

3 你如何對待你的時間？
有意識地規劃並有效利用時間

你還有多少時間？
個人時間資本，只有幾萬個小時

4

2 時間對你的意義？
時間比金錢更有價值

你有足夠的時間嗎？
沒有時間不是領導人的象徵

1

A bucket of GOLD

時間陷阱——為什麼要做時間管理

當我們無法分辨增值工作和負面工作的區別,即使不斷努力,也可能是在增加成本、浪費時間。

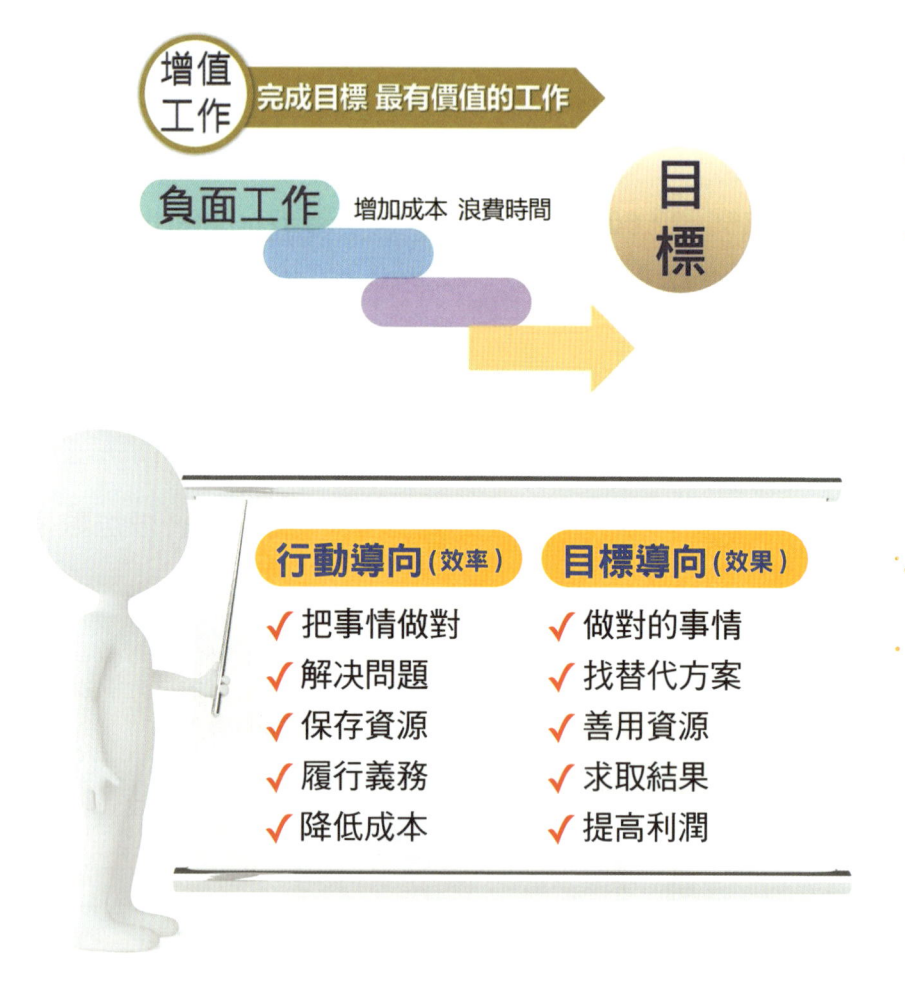

增值工作 完成目標 最有價值的工作

負面工作 增加成本 浪費時間

目標

行動導向(效率)
- ✓ 把事情做對
- ✓ 解決問題
- ✓ 保存資源
- ✓ 履行義務
- ✓ 降低成本

目標導向(效果)
- ✓ 做對的事情
- ✓ 找替代方案
- ✓ 善用資源
- ✓ 求取結果
- ✓ 提高利潤

當我們只注重行動導向,而忽略目標導向的時候,即使一直付出行動,也不一定能創造我們想要的價值。

你對時間的態度決定你的生活態度

當橫軸豎軸切開我們一生唯一不可再生的資源「時間」的時候，我們才驚訝地發現我們從來就沒有好好珍惜所擁有的時間。更重要的是：我們從來就沒有檢討我們對待時間的態度。其實，我們現在的生活狀態正是我們對待時間態度的必然結果！

時間Pizza餅

一般人至65歲後的平均統計：
- 50%經濟不能獨立
- 40%死亡
- 6%專業人士
- 2%家庭世襲
- 2%計畫未來，未雨綢繆

時間Pizza餅如何分配？

你懂得如何利用時間嗎？
- 工作8小時
- 睡眠8小時
- 交通、進食、梳洗等4小時
- 4小時

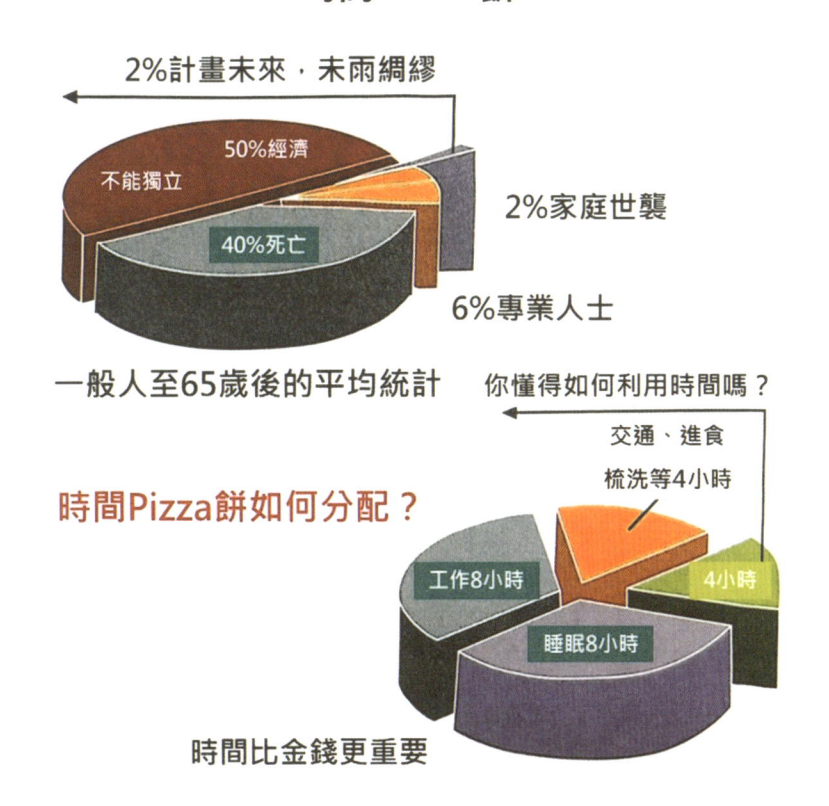

時間比金錢更重要

28
留更多的時間給自己

時間管理法的演進

第一代 記錄備忘型
第二代 規劃準備型
第三代 優先順序型
第四代 重要緊急型

其實，即使是第一代時間管理法，很多人還是沒有有效使用。不信？請好好回想一下，有多少次去商場買東西，回來的時候才想起有的東西還是沒有買。

認識時間的價值是管理時間的開始！由「時間品質」觀點向「時間成本」觀點轉變。掌控生命的主導權；分清事情的輕重：傾聽良知：權衡工作的緩急。

首先確定輕重緩急，然後排出優先順序，進而規劃準備，加上「挑勾作業」，記錄備忘型的黃色便條紙，你會發現：時間是

可以儲蓄的！

🧭 最重要的事先做

```
         緊急           非緊急
重       危機處理        識別
要                      新機會
          ①              ②
            時間管
            理矩陣
          ③              ④
非
重
要       危機處理        危機處理
```

1、救火型人生
2、防禦型人生
3、忙碌型人生
4、庸俗型人生

　　過去的日子裡，有多少人總覺得自己忙碌不已，但當一天結束、回頭盤點時，收穫的卻只有疲憊與空虛。時間一晃就到了而立之年，本該有些拿得出手的戰績安慰自己，卻發現隨著年齡增長，增加的不是成就，而是更多的責任、壓力與迷惘。

　　你再怎麼忙，如果忙碌的方向與有價值的目標無關，那就只是徒勞。許多人在工作中得不到上司的認可，往往不是因為做得不夠多，而是因為做錯了方向：他們只完成了自己「認為重要」的事，卻忽略了事情「真正需要」的是什麼。就像消費者只會為他們「認定的價值」買單，而不會為你自以為努力、反覆強調卻與他們無關的「宣傳事實」掏腰包。

29
生命韻律管理法

接下來，我們來看掌控你的三條生命曲線。計算公式如下：

1. **生命總天數 =**（365×周歲）+周歲/4±今年的生日到計算當天的天數。
2. **體力周期（23天）計算日所處位置**：生命總天數/23所得餘數。
3. **情緒周期（28天）計算日所處位置**：生命總天數/28所得餘數。
4. **智力周期（33天）計算日所處位置**：生命總天數/33所得餘數。

掌握生命週期曲線是更細緻的時間管理方式。你是否也有這樣的經驗——明明很努力，效率卻低落；什麼正事都沒做，卻感到莫名疲憊；甚至情緒容易失控、無緣無故煩躁……這些狀態可能正是來自於你的生命週期進入了某個起伏階段。雖然這些影響並非決定性因素，但了解它們，能幫助你更好地規劃工作與生活，適時調整狀態，而不是為低效或情緒波動找藉口。

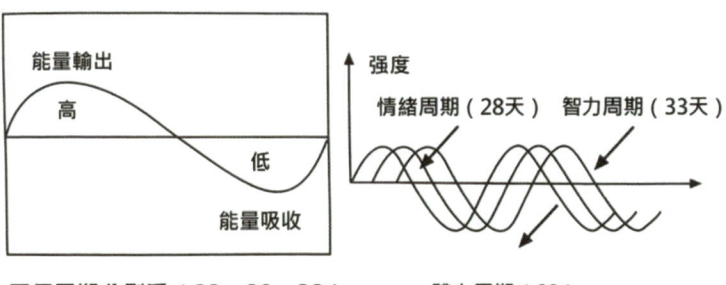

30

T型戰略：
選擇人生與事業的起點

在人生與事業的十字路口，最可怕的不是走得慢，而是走錯了方向；最令人遺憾的不是沒有付出努力，而是不知道自己究竟為何而努力。唯有真正找出內心渴望的目標，才能喚醒潛藏的生命能量，讓命運從此出現關鍵性的轉彎。

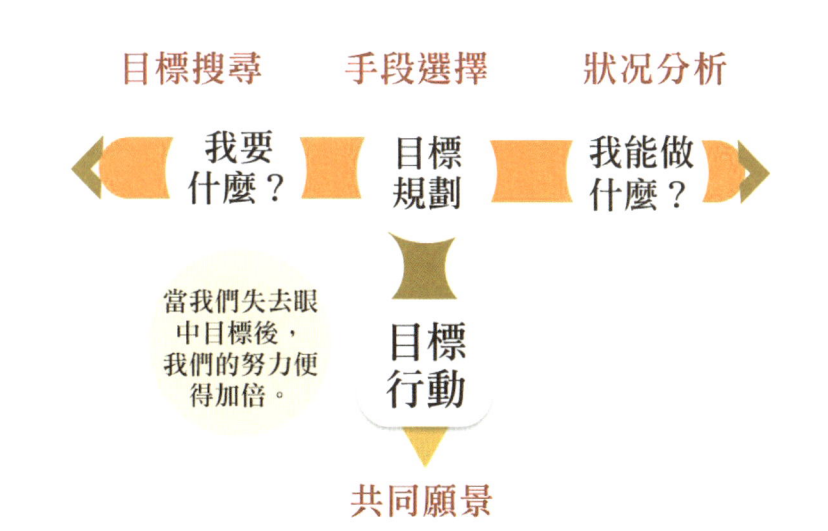

目標搜尋	手段選擇	狀況分析
我要什麼？	目標規劃	我能做什麼？

當我們失去眼中目標後，我們的努力便得加倍。

目標行動

共同願景

A bucket of GOLD

🧭 目標設定程序的三個階段

1、目標搜尋：我要什麼？

成功不是能不能，而是想不想、要不要！如果成功只有三個秘密的話，那排在第一位的就是：要求！然後才是：相信！接下來就是：接收！

2、狀況分析：我能做什麼？

從自身來講，每個人都有優勢和弱勢，而針對外部而言，每件事情又都存在機會與威脅。記住木桶定理揭示的道理：在戰略上要「補短揚長」，而在戰術上要「揚長避短」。

3、目標規劃：我要掌握什麼？

人和動物的差別之一，在於人懂得運用工具。而人與人之間的差距，有時正是來自於各自手中掌握的工具不同。

🧭 時間黃金分割法：ABC法則

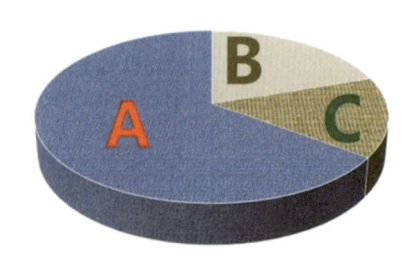

A 任務65%（非常重要）決策實施，**不能授權**

B 任務20%（中等重要）策略規劃，**定下期限**

C 任務15%（較不重要）授權簡化，**取消**

任務價值（貢獻）

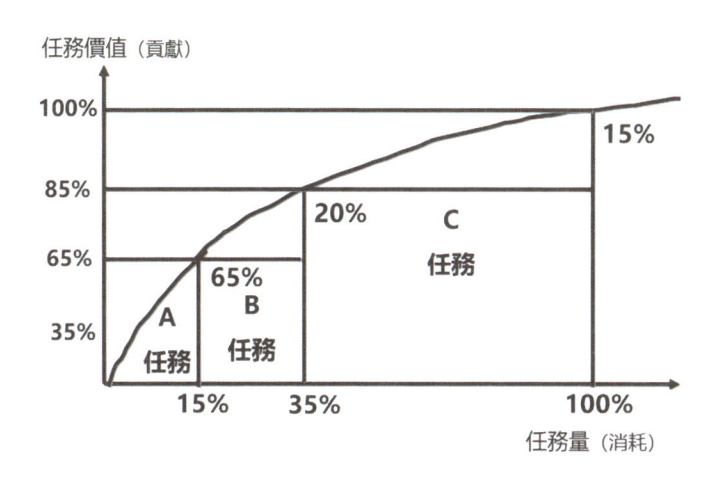

```
100% ┤                                    ┌─────── 
     │                               15%
 85% ┼───────────────────┐
     │              20%  │
 65% ┼────────┐          │   C
     │   65%  │          │  任務
     │    B   │          │
 35% ┤ A 任務 │          │
     │ 任務   │          │
     └────┬───┴─────┬────┴──────────
         15%      35%              100%
                              任務量（消耗）
```

確定A任務

設定優先順序、從最重要的事情開始，關鍵就在於先釐清什麼是你的「A任務」。不同的角色，對任務的分類也會有所不同。找到你在當前角色中最核心的任務，那就是這個角色所賦予你的最關鍵職責。

對於一位正在哺乳期的母親而言，餵奶就是她每天的A任務。在職場上，隨著階段與職責的轉換，每個人所面對的A任務也會隨之改變。你必須有意識地把時間，投入在最具生產力、最能創造價值的地方！

可跳躍式發展→量子理論

宇宙中只有三個變量：物質、時間、空間。人是「物質」，每個人都希望自己有能量！而物質的能量取決於四個因素：

A bucket of GOLD

- 第一因素是物質本身。這就是為什麼我們要學習、要進步,就是提升物質本身的能量。
- 第二個因素是這個物質和什麼樣的物質交換。
- 第三個要素是物質處在什麼樣的時間。
- 第四個取決於物質處在什麼樣的空間。

成功是不斷提升物質能量的過程,並在不同的時間段讓物質本身增值,同時,即使空間變化,也能延續和增益物質本身的能量!

成功有一定的周期,所以,不要急於求成,更不要見異思遷。要耐心經營,延遲滿足!

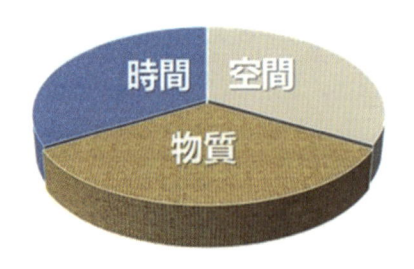

時間 空間 物質

- 成功和年齡無關
- 成功和經驗無關
- 成功和努力無關

成功的捷徑就是不動聲色地提拔自己,奉自己的意志為最高主宰,而在別人眼裡留下的卻是甘陪末座的謙讓景象。

成功可跳躍式 失敗不歸零

可生存 → 可發展 → 可持續發展 → 可跳躍發展

31
如何獲得生命最高的投資報酬率

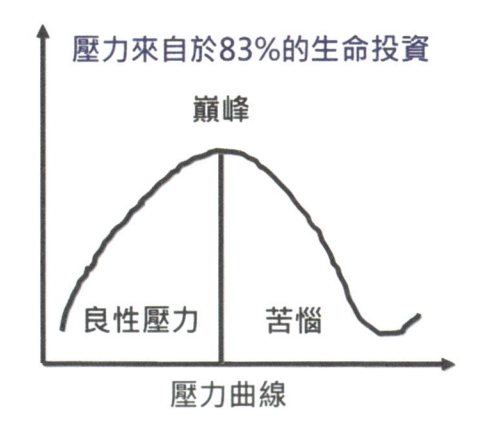

睡眠	22年
例行事務	2.5年
用餐	5.5年
交通	5.5年
工作	16年
處理雜務	2.5年
可自由運用的時間	11年
65歲的壽命	65年

壓力來自於83%的生命投資

巔峰 / 良性壓力 / 苦惱 / 壓力曲線

時間管理的九條黃金法則

1. 以合併同類項的方式組成集中工作反應堆。
2. 以隔離閉關的方法將目標集中在重要的任務上。
3. 以時間成本論觀點設定自己的會議時限。
4. 設定優先順序是有效工作技巧的基本原則。
5. 確定Pareto原則中的80%重要的事,並盡力完成。

A bucket of GOLD

6. 充分授權，多利用外發作業。
7. 將艱巨的任務分割成可以實現的小部分工作。
8. 鎖定Ａ任務，與自己約定完成它
9. 結合能力曲線與生命韻律：在身心狀態最佳的時段處理高難度任務，發揮最大效能。

留更多時間給重要的事

把握時間工作，那是成功的代價。
把握時間思考，那是力量的源泉。
把握時間運動，那是青春的秘密。
把握時間讀書，那是知識的基礎。
把握時間交友，那是幸福的大門。
把握時間夢想，那是摘星的路徑。
把握時間去愛，那是生命的真樂。
把握時間歡樂，那是靈魂的樂章。

今天是你餘生的第一天

1 心智模式
2 生涯規劃
3 時間舵手
4 演說交際
5 團隊致勝

演說交際

　　商務溝通的核心，離不開「交際」與「口才」。對於創業者而言，創業本質上是一種私域經營與價值變現，而你的人際交往狀態，將直接影響你的創業發展與長遠成果。

　　日常的溝通表達，決定了你在人際互動中的影響力；而在關鍵場合中的演說能力，常常是一舉定成敗的關鍵。無論是在推銷理念、爭取資源，還是在團隊領導，良好的表達力與溝通能力，都是無可取代的求生技能。若你尚未掌握演說與人際交往的技巧，其他成功要素再多，也難以發揮其真正價值。讓說話成為你的優勢，讓溝通變成你的資產，唯有真正理解並精進這門技藝，才能讓你的專業知識、人脈資源與事業潛能實現最大化。

32
交際圈理論

　　每個人一生中都在不同層次的人際網絡中互動，而這些網絡可以分為五個基本的交際圈。理解這五大圈層的特性與功能，有助於我們更有效地經營人脈、擴展影響力，並在關鍵時刻獲得支持與資源。

1. **親緣交際圈**：這是以家庭和親屬為核心所構成的基本人際關係圈。它提供情感支持、安全感與價值觀的傳承，往往是人們在生活壓力與情緒低潮時最堅實的依靠。
2. **地緣交際圈**：指的是因居住地接近或共同生活環境所產生的日常互動，例如鄰居、社區朋友、常見的生活服務者等。這類關係雖然不一定深刻，卻常具有高度的便利性與互助性。
3. **組織交際圈**：包含在學校、公司、協會等正式組織中，基於制度與角色互動而形成的關係。
4. **業餘交際圈**：基於興趣愛好、志願服務、宗教信仰等非正式目的所產生的人際連結。這些關係因為較少功利性，往往更純粹、更持久。
5. **社群交際圈**：指的是透過大眾媒體、社交平台或品牌形象等公眾印象所構築的關係圈層。這類交際關係具有擴散性與影響力，能大幅提升個人或組織的可見度與公信力，是當代人脈經營的加速器。

五大交際圈

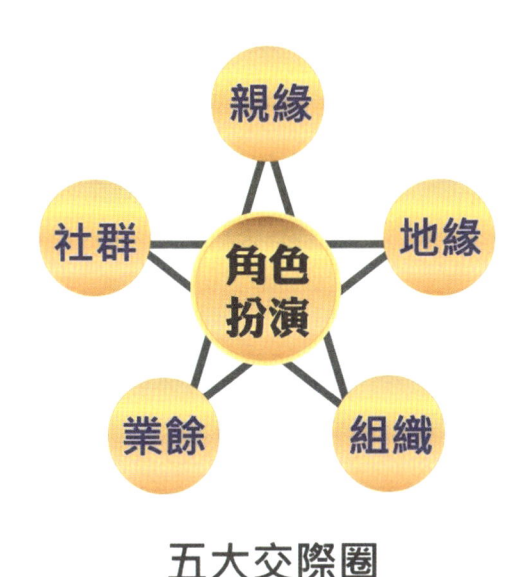

損失金錢的人損失甚少，失去朋友的人失去甚多！

如何駕馭五大交際圈

★ 全面領悟角色

　　莎士比亞有句名言：「世界是個大舞臺，每一個人都扮演一個重要角色。」在現實生活中，你究竟扮演著哪種角色？處在何種地位呢？社會對你的期望又怎樣呢？你又能夠做得如何？這些都直接關係到，你是否能令自己在這紛繁複雜的交際圈中，永立不敗之地。

A bucket of GOLD

★ 遵守角色規範

進入交際圈，原本的你應當加以修飾，你獨特的性格要退居第二位。在這裡更多的需要是適應這個環境，而不是要求你改變這個人事環境。每一個角色都有社會對其約定俗成的印象和要求，只有遵守角色規範，才能被人接受與認同。

★ 注意角色變換

不同的交際圈，需要你以不同的角色出現。面對不同的交際情境也要把握好不同的往來互動分寸。只要合情合理地變換自己的角色，你的行為一定能贏得更多朋友。

★ 塑造實際角色

人際角色分為公開角色和實際角色。比如都是一個新入職的基層員工，但你到底是什麼樣的員工？人們對你的評價也不一樣；同樣都是主管，到底是怎樣的主管？大家對你的看法也不同。塑造實際角色是一生學習不完的功課！

33
建立個人形象——
形象矩陣

在這個資訊爆炸、人設至上的時代，你是誰，往往比你說了什麼更重要。他人眼中的你，決定了你獲取資源、建立信任、掌握機會的速度與廣度。

個人形象已不再只是外在包裝，更是一種資本，是一種無聲卻強大的競爭力。若想在職場與社會中脫穎而出，就必須系統性地建立你的個人品牌，並認清「形象矩陣」中的四大象限：

1. **低知名度，高美譽度**：雖然有機會被看見，但若無信任作支撐，將難以長期經營人際與事業的關係網。
2. **高美譽度，高知名度**：這是影響力的核心資產，信任成為你轉化價值的通行證。當你既被看見，又被信任，你的機會和資源將持續湧入。
3. **低知名度，低美譽度**：安全但毫無勢。沒有人認識你，再優秀也難以撬動命運之門。沉默無聲，也意味著錯失機會。
4. **低美譽度，高知名度**：雖然曝光度高，但公信力低。這種形象容易因口碑崩壞而迅速下墜。成也速度，敗也速度。

A bucket of GOLD

你的形象定位，決定了你未來的成長路徑。你想被怎樣看見？被誰記住？又是否值得信任？這些問題的答案，將決定你走得多遠、站得多穩。

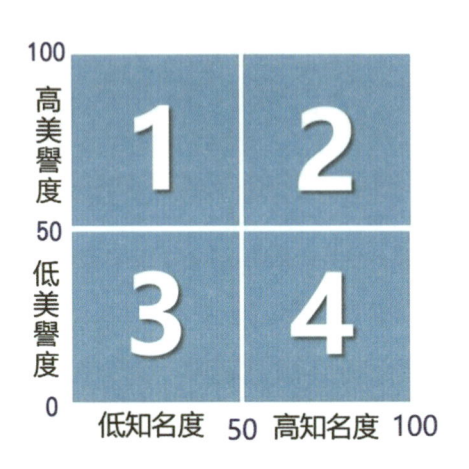

```
         100
      高
      美    1      2
      譽
      度  50
      低
      美    3      4
      譽
      度
         0    低知名度  50  高知名度  100
```

★ 1. 宣傳型成長模式

　　如果你是處在高美譽度、低知名度的第一象限，適當宣傳是必要的選擇。在這個傳播當道的時代，做得好還要讓人知道，這樣才有服務他人的機會。

★ 2. 維繫型成長模式

　　在交際圈中你擁有高美譽度和高知名度，是每一個人追求的目標。如果你是處在這個象限，請好好珍惜和維繫這來之不易的狀態，好也是要用心經營！

★ 3. 建設型成長模式

　　如果是處在低美譽度、低知名度的象限也應該感到慶幸，至少知道你不好的人有限，你還有很多機會可以去改變！立即著手重塑信譽與形象。

★ 4. 矯正型成長模式

　　處在第四象限：高知名度、低美譽度，意味著你正站在風口浪尖，人生正面臨巨大的挑戰與考驗。此刻，你有兩種選擇：要麼破罐破摔，就此沉淪；要麼挺身而出，徹底翻轉局面。真正的出路只有一條──直面它，矯正它，重塑信任與價值。

34
智慧贏天下

在學校裡,我們以學習者的身份接觸到的,僅是知識的第一屬性——可供學習的知識。然而,走入社會後,若無法讓知識轉化為實際價值,那麼即便在校成績再優異,也難以換得現實中的成功。反而容易產生「曲高和寡、自命清高、憤世嫉俗」的心理落差。真正有力量的知識,必須能轉化為生產力,創造市場價值,才能成為市場經濟中可交易、可變現的資產。

此外,我們也必須理解:知識的擁有者與知識的傳播者是兩種不同的職業。自己會賣,是將知識與經驗轉化為實用的技能;能教別人賣,則是將這些能力升級為系統化的傳播力。

在這個時代,光會學還不夠,你必須會做,還要能教。唯有學用合一、知行並進,知識的真正價值才能被充分釋放。

學習者	使用者
創造者	傳播者

知識誤區 ▶▶▶▶▶▶▶

使用 ← 學習 ← 創新

以下是知識的四種價值：

知識價值鏈：創新、學習、使用、傳播

141

35
知識經濟時代的生存智慧

在工業時代,「做」與「寫」的能力是立足之本;然而,隨著社會進入知識經濟、信息經濟與網絡經濟的時代,「想」與「說」的能力變得同樣不可或缺。過去那句「沉默是金」,如今更多時候成為一種交際的技巧,而不再是人生的唯一選擇。敢於表達自己,善於溝通,成為現代社會的重要競爭力。

未來掌握在我手中

如果你有一個「偉大的創意」,這個社會絕不會埋沒你:如果你能把一件事情說清楚、講明白,那你就是有用的人才。因為人才未必有口才,而有口才的人一定是人才!

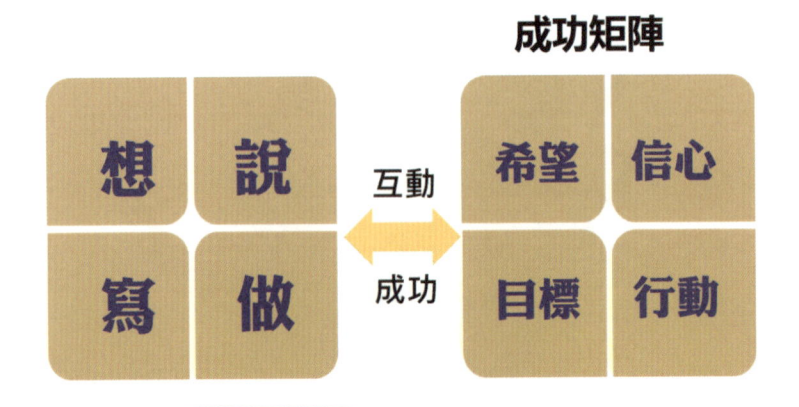

成功矩陣

想	說		希望	信心
寫	做		目標	行動

互動 ↔ 成功

「做、寫、想、說」這四種能力相輔相成，是你在創業與競爭中的核心實力。這不僅是生存的本領，更是突破瓶頸、贏得機會的關鍵。

　　無論環境多麼艱難，無論前路多麼曲折，始終懷抱希望才是成功的第一步。堅定信念，決心成功的人從不畏懼失敗，絕不讓絕望先於希望誕生。相信你的行業、相信你的平臺、相信你的系統、相信你的產品、相信規則與制度，更要堅信你自己擁有無限可能。然後，朝著清晰且有價值的目標，持續而堅定地行動。

36
做個演說高手

　　珍惜每一次站上舞台的機會！請記住：禮貌比文憑更為重要，因為文憑無法寫在臉上，更無法直接傳達給他人。如果你只是默默地想，卻不敢說出來，在某種意義上，其實等同於沒有表達。

　　為什麼許多人在上台或當眾講話時會感到緊張？這源於面對平時不熟悉的行為，擔心他人的評價而引發的演講恐懼症。這種焦慮感是人之常情，但絕非無法克服。

　　唯一的解決之道，就是通過系統且專業的學習與反覆練習，將「不熟悉」變成「習慣」，讓上台演說成為你自然而然的能力。唯有如此，才能真正克服恐懼，從容自信地表達自己。

練習演說的五大步驟：

1、照本宣科。
2、死記硬背。
3、提綱挈領。
4、胸有成竹。
5、出口成章。

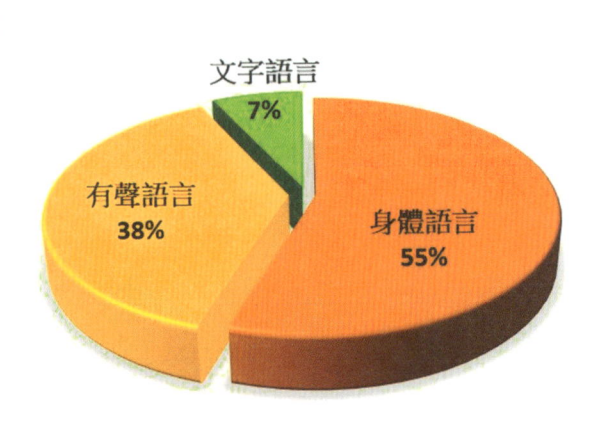

文字語言 7%
有聲語言 38%
身體語言 55%

從第一階段的敢說、第二階段的能說、到第三階段的會說，接下來是修練演說的三種語言：占溝通效果55%的身體語言，占38%的有聲語言，還有只占7%的文字語言。

突破演說恐懼症後，你將進入敢於表達的階段。經過持續訓練，有時甚至會出現過猶不及的「演說欲」，變得逢人便說、見人就講。掌握了演說的「預製件」技巧後，你會變得更能言善道，而說話的最高境界，正是「會說」——懂得何時說、怎麼說。

建立共同願景

沒有溝通的願景不可能兌現，願景如何消失在一片雜訊中——

1. 在三個月內，每位員工接收到的訊息總數＝2,300,000個字或數字
2. 在三個月內，一般人接收到願景的訊息＝13,400個字或數字（相當於一場30分鐘的演講，一場長達1小時的會議，公司內部刊物上一篇600字的文章，再加上一份2000字的備忘錄。）
3. 13,400/2,300,000＝0.0058，願景只占傳播市場的0.58%

願景溝通0.58%

99.42% 其他溝通

A bucket of GOLD

願景溝通
1. 創造一個有效願景
2. 簡單易懂、形象生動
3. 多重渠道、溝通互動
4. 不斷重複、身體力行
5. 交換意見、澄清異議

很多人誤以為「激勵」是「說」出來的，其實，說出來的激勵是暫時的。我們希望透過演講或溝通進而達到激勵的效果，但這只是形式，而最重要的是要掌握「激勵」的內涵。

真正的激勵來自於永不停歇的嚴肅使命。幾乎每一位母親，無需外在激勵，便能堅持教會孩子說話與走路，因為她深知這是做母親不可推卸的責任。正是這份使命感，使她不懈努力，直到目標達成。

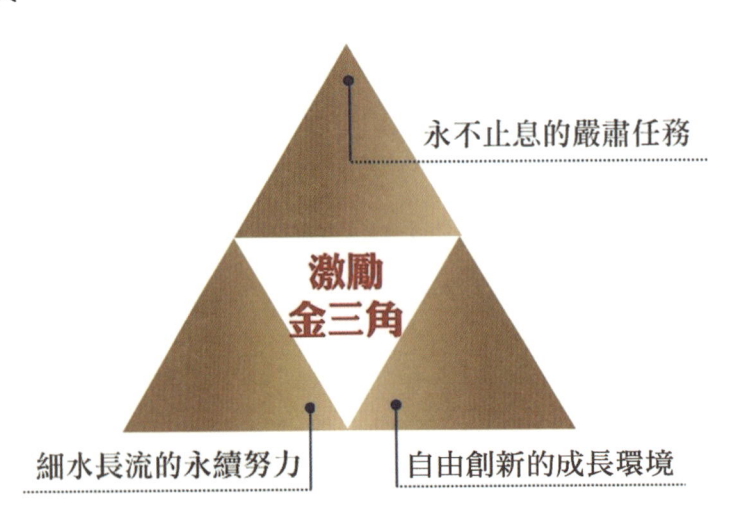

激勵金三角
- 永不止息的嚴肅任務
- 細水長流的永續努力
- 自由創新的成長環境

在職場上的成功同樣如此。當你真正認識到這是一項「永不停息的嚴肅任務」，你就會願意依托「自由且創新的成長環境」，通過「細水長流的持續努力」，最終實現自己渴望的成功。

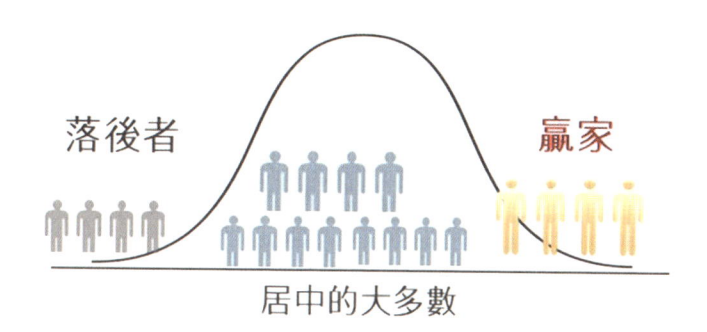

激勵模式——激勵的七個階段

1、需求處於平衡狀態

2、某項需求開始突出

3、信念過濾並影響需求感知

4、突出的需要和信念共同決定需求

5、採取行動滿足需求

6、需求得到滿足

7、行動後需求仍未滿足便產生新的追求

激勵的根本動因是需求。人的本性在於追求快樂、避免痛苦，這是驅使行動最原始的力量。作為感性的動物，我們很難做到完全理性地生活，情緒和信念常常影響我們的選擇與行為。

A bucket of GOLD

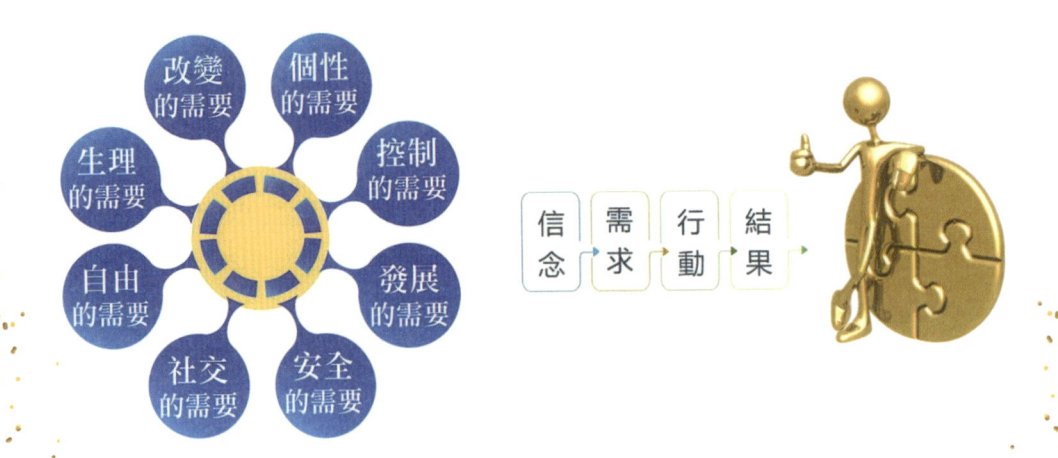

因此，要想真正發揮激勵的效果，必須以需求為前提，以信念作為堅實的基礎，通過有效的行動策略來推動目標的實現。這是一個從內而外、由心而行的動態過程。

那麼，什麼是幸福？幸福就是需求得到真實的滿足，是身心獲得和諧與平衡的狀態。而當我們不僅關注自身，更致力於理解和滿足他人及組織的共同需求時，激勵的力量便會倍增，形成良性循環，推動個人與集體持續成長與成功。

1 心智模式
2 生涯規劃
3 時間舵手
4 演說交際
5 團隊致勝

團隊致勝

　　一支由獅子率領的綿羊隊伍，可以打敗一支由綿羊率領的獅子隊伍。

　　孤軍奮戰的時代已經結束，我們需要團隊協作。如何建立及經營一支團隊？如何借助團隊的力量來達成共同願景？這正是「團隊致勝」為你解決的問題。

　　「團隊致勝」教你如何借助槓桿力量以最小的成本實現最大的目標。這正如兩名小孩打架時所透露的訊息，以前他們會說：「我爸爸能打敗你爸爸」！而現在變成「我爸爸能買下你爸爸」！你如何搭建一個兼容的平臺，能買下別人，同時又讓別人也樂於買你。請認真修練「團隊致勝」！

37
為什麼明星隊會被打敗

　　我們讀書、考試、工作的時候，一直都在追求自己的成績、個人表現，習慣於單打獨鬥，現在要想轉換理念與目標——以團隊為重，的確很困難。

　　進入組織行銷，開始創業，一個最重要的改變就是：從「單數」變成「複數」；多說「我們」，少說「我」；從「第一人稱」，變成「第三人稱」，少說「我如何、如何」，多說「大家怎樣、怎樣」。

> 為什麼明星隊會被打敗？因為他們不會團隊出擊。

法國vs巴西
巴西隊為什麼輸給法國隊

BRAZIL　vs　FRANCE

　　「做好自己」是要給個體進入團隊奠定一個基礎，讓自己具

有被團隊使用的價值。

「配合他人」是進入團隊最基本的條件，只有願意配合才能「減掉」、「除掉」自己的缺點，也才能「加上」、「乘上」他人的優點，形成真正的團隊合力。

「創造環境」是由一群優秀個體所組成的團隊，對企業所能帶來最具價值的貢獻。請記住，夥伴對團隊的價值體現在兩個層面：一是對利潤的貢獻，二是對文化與價值的貢獻。若一個人只能創造業績，卻無法認同、支持並引領企業文化，那麼遲早會被團隊所淘汰。

合格的創業者一定要做三件工作：

1. **領導力傳承：**這是打造系統的關鍵標準。真正的領袖不僅能獨當一面，更能培養並複製出具備領導力的夥伴。
2. **客戶資源組織化：**將客戶資源有效交由公司管理。因為「客戶即公司資產」，將客戶帶走即等同於竊取公司財產。
3. **懷抱感恩，正向宣傳公司。**

一位優秀的合作夥伴，應具備全局思維與開放格局，這種心態不只體現在內部協作上，也展現在產業間的合作中。相反地，狹隘的心態則表現為：「我知道你要什麼，但偏偏不給你。」真正高明的策略，不只是打好自己手上的「牌」，更懂得觀察他人手中的「牌」。

要在組織行銷領域中脫穎而出，關鍵在於徹底轉化與成長，

A bucket of GOLD

全力實踐三大原則：完善自我、成就他人、回饋社會！

在全球商業競爭中，不同文化孕育不同戰略思維：美國人打橋牌，靠規則與配合贏得資源；日本人下圍棋，以全局與布局決勝千里；中國人打麻將，講拆台、碰運氣、隨機應變。看似各有千秋，實則揭示：不懂戰略的個人，只能隨波逐流；不懂格局的創業者，只能賺辛苦錢。這正是本書想要告訴你的真相──財富不是靠蠻幹，而是靠認知上的躍遷、文化上的破局、戰略上的站位。

只有跳出民族性格的「短視戰術」，才能建立屬於自己的財富全局觀，從賺錢工具人躍升為財富系統構建者。

一個組織效率低落，或一個平臺無法創造利潤，問題的核心往往不在於「人不夠努力」，而是「用錯了人、錯放了位置」。

古人早已洞察人性的分布，並以「德」與「才」為兩大評估維度，將人分為四類：

- 德才兼備者為「馬」──可引領方向，是團隊的領頭者。
- 才高德薄者為「狗」──巧於算計、難當大任。
- 德高才低者為「牛」──勤懇可靠、適合執行。

- 德才皆缺者為「豬」——既無能力亦無品格，最需嚴格篩選與限制。

德才矩陣

	德大	德小
才大	聖人	小人
才小	君子	愚人

而組織之所以混亂低效，常陷四大誤區：

1. 狗佔馬位：小人當道，掀起內耗，團隊失信；

2. 牛佔馬位：忠厚無策，拖慢發展，等於慢性自殺；

3. 馬佔狗位：才德兼備卻被埋沒，導致人才流失；

4. 馬佔牛位：戰略型人才被當執行工具，等於資源浪費。

這一分類不僅揭示了人才任用的核心邏輯，也提醒領導者：真正的管理智慧，是讓「對的人」站在「對的位置」，並讓每一位成員在其所長的領域發光發熱。要打造真正高效率、高回報的平臺，必須做到：

- **識人有道**：把人放對位
- **用人有術**：讓人才各歸其崗
- **識馬識勢**：激活領袖型個體，驅動整體躍遷。

38
成功團隊的定位模式

組織定位三大陷阱

在打造高效團隊時，組織定位若出現問題，往往會陷入三大陷阱：1.**角色重疊**：成員間職責不清，導致資源浪費與內耗；2.**職能衝突**：不同部門或個人目標互斥，彼此掣肘，影響整體運作；3.**地位威脅**：角色設計失衡，產生競爭與防備心理，破壞團隊信任。這三種定位問題，都是組織內部矛盾的根源。

而優秀的團隊定位模式應具備以下三種特徵：

1. **間隙型定位**：每個人恰好填補組織中的空白與不足，發揮不可替代的價值。
2. **互補型定位**：不同成員的能力與資源形成互補，產生加乘效應。
3. **利益型定位**：彼此的成果與利益緊密相關，激發共同目標與合作動能。

這種定位方式能夠產生真正的協同作用，讓團隊更具整體戰鬥力與持久競爭力。

39
抱團打天下──
團隊致勝

在自主創業的世界裡，個人的天花板，往往就是團隊的地板；而領導者的高度，決定整個團隊能飛多遠。

一個人可以走得快，但唯有一群人，才能走得遠。想要在市場中真正打贏這場硬仗，靠的不是單打獨鬥，而是抱團作戰、團隊制勝。因此，在創業的路上，領導者的角色至關重要。而真正能打造出戰鬥型團隊的領導者，必須具備三大核心特質：

1. **播撒希望**：在看不清未來時，仍能點燃人心、帶領前行。
2. **人格魅力**：以真誠與魅力凝聚人心，吸引追隨者共赴目標。
3. **無法抵擋的熱忱**：熱血是一種會傳染的力量，能感染整個戰場，激發全員士氣。

一個好產品或許能帶來短期利潤，但一位好領導，卻能點燃一生的志業與使命。

A bucket of GOLD

領導的三個標準

一、**播撒希望**：團隊中積極思考者，通常具有將來完成時的思維方式。看見別人看不見的未來，並能準確地傳播。

二、**人格魅力**：領導者不只展現威嚴，更要展現親和力。企業既是一所學校、一支軍隊，也是一個家庭，因此領導者必須同時扮演校長、軍官與家長三重角色，既能指導方向，也能陪伴成長色。

三、**無法抵擋的熱忱**：真正有影響力的領導者，是團隊文化的引領者與行動典範。他們擁抱「簡單文化、積極文化、快樂文化」，並以充沛熱情帶動氣氛，用行動感染每一位成員，激發全員正能量。

一支獅子率領的綿羊隊伍
能夠打敗
一支綿羊率領的獅子隊伍

人才的五個標準

1. **心態**：心態排名第一，有時候，好人也會因為心態不對而做出錯誤的決策，所以每時每刻都要調適心態。
2. **人品**：職業化人品首先要求客觀、真誠、忠心。
3. **性格**：聰明地了解自己，智慧地認識他人。若你能團結支持你的人，你就是一位領導者；若你還能團結原本不支持你的人，那你就是卓越的領袖。
4. **敬業**：敬業是對生命最深的尊重。不只是完成工作，而是全心投入、以專注與責任感體現對自己的尊重，對事業的敬畏。
5. **專業**：成為組織價值鏈中的核心力量。專業不僅是技能，更是一種穩定貢獻價值、持續成長並引領他人的能力。

5％方法＋95％心態＝成功
正確的心態是成功的第一法則！

1、歸零心態
2、學習心態
3、感恩心態
4、經營心態
5、堅持心態

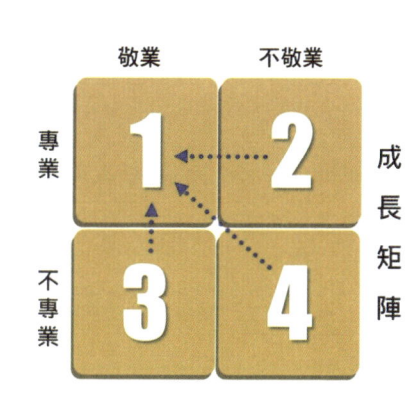

	敬業	不敬業	
專業	1	2	成長矩陣
不專業	3	4	

A bucket of GOLD

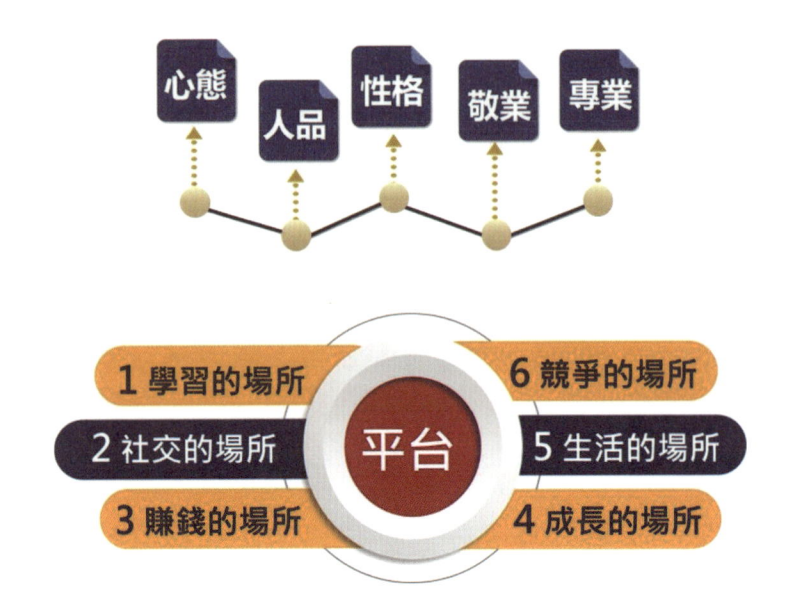

```
心態   人品   性格   敬業   專業
```

```
1 學習的場所        6 競爭的場所
2 社交的場所  平台  5 生活的場所
3 賺錢的場所        4 成長的場所
```

所謂賺錢，本質上就是認知的變現；而賠錢，往往源於認知的缺陷。一個人永遠無法賺到超出自己認知的錢。以下是幾個關鍵觀念，將決定你能否突破現有的認知邊界：

1. 你對正在發生的事件的反應模式，將決定你的未來走向。
   ▶ 反應反映認知，認知決定命運。
2. 把時間投資在別人的成功經驗上，而不是沉溺於失敗經驗中。
   ▶ 借力成長，遠比重複受傷來得有效。
3. 不要用別人的錯誤來懲罰自己。
   ▶ 學會放下與原諒，是釋放自己、走向成熟的開始。
4. 攻擊、批評與逃避會削弱生命能量；而學習，則能不斷提升生命能量。

▶ 唯有持續學習，才能讓自己保持清醒、堅定、充滿力量。

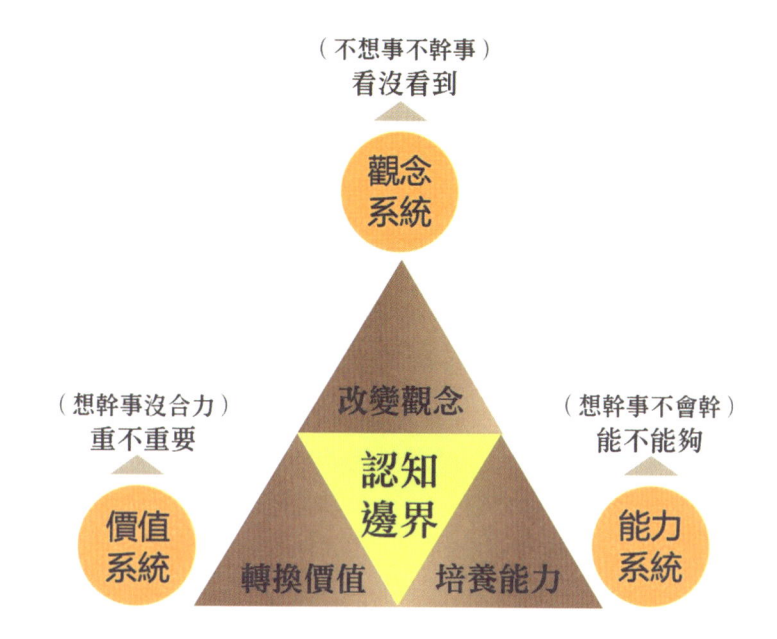

（不想事不幹事）
看沒看到

觀念系統

改變觀念

認知邊界

（想幹事沒合力）
重不重要

價值系統

轉換價值　培養能力

能力系統

（想幹事不會幹）
能不能夠

系統是成功最大的秘密

今天，我們選擇了一個屬於我們自己的全球生意。我們之所以選擇，是因為我們的身上肩負著責任。我們想把自由的創業精神和樂於分享的成功理念，傳遞給每一個人——讓每一個家庭，都有機會過上高品質、有尊嚴的生活。

正因如此，我們選擇了最適合的平臺與最專業的系統來保障成功。我們深知：這是一門看似簡單、實則高度專業的事業。如果只憑熱情、不靠方法與工具去幫助他人，不僅無法助人成功，反而可能帶來失敗。因此，我們善用系統所提供的成功模式與專

159

A bucket of GOLD

業工具,把這個平臺的優質產品與創業機會,傳遞給每一位有需要的人。我們承諾:
- 為自己的選擇負責,
- 為共同的目標全力以赴,
- 珍惜彼此的信任與合作,
- 對未來充滿信心,並堅定承諾──永不放棄!

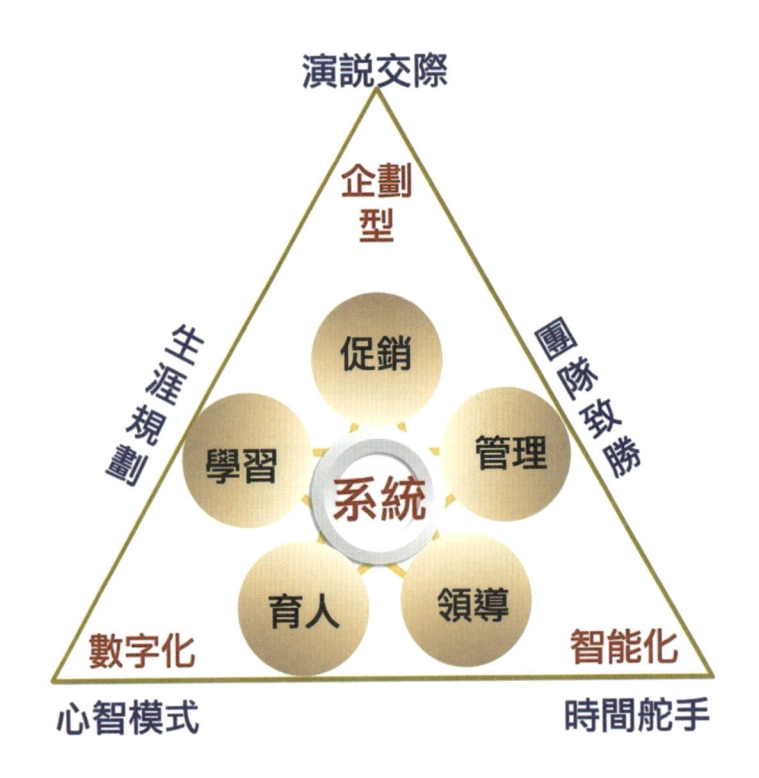

演說交際
企劃型
生涯規劃
團隊致勝
促銷
學習　系統　管理
育人　領導
數字化　　智能化
心智模式　　時間舵手

《狂野奔跑》

―艾莫作詞

總以為我竭盡了全力
每天的生活循規蹈矩
看到別人都開始奔跑
我的生命何時有奇蹟

是你讓我看到了真理
等待中不會發生奇蹟
狂野奔跑是成功真諦
讓我們活出生命意義

生命就應該酣暢淋漓
心中有夢擺爛不容易
借助自由時間的力量
創造豐盛的認知盈餘

是你讓我看到了真理
等待中不會發生奇蹟
生命就應該酣暢淋漓
心中有夢擺爛不容易

《生命的彩虹》

—艾莫作詞

你為我生命點盞燈
照亮我未來的旅程
你是我生命的彩虹
描繪我美麗的人生
你為我堅定了一生
給予我成功的可能
你給了我所有的夢
為我的天空畫上了彩虹

多少黑暗的夜晚
等待黎明和曙光
歷經生活的滄桑
期盼甘露和陽光
你我不同的人生
出現同樣的感動
插上夢想的翅膀
飛在雨後的天空

你為我生命點盞燈
照亮我未來的旅程
你是我生命的彩虹
描繪我美麗的人生
你為我堅定了一生
給予我成功的可能
你給了我所有的夢
為我的天空畫上了彩虹

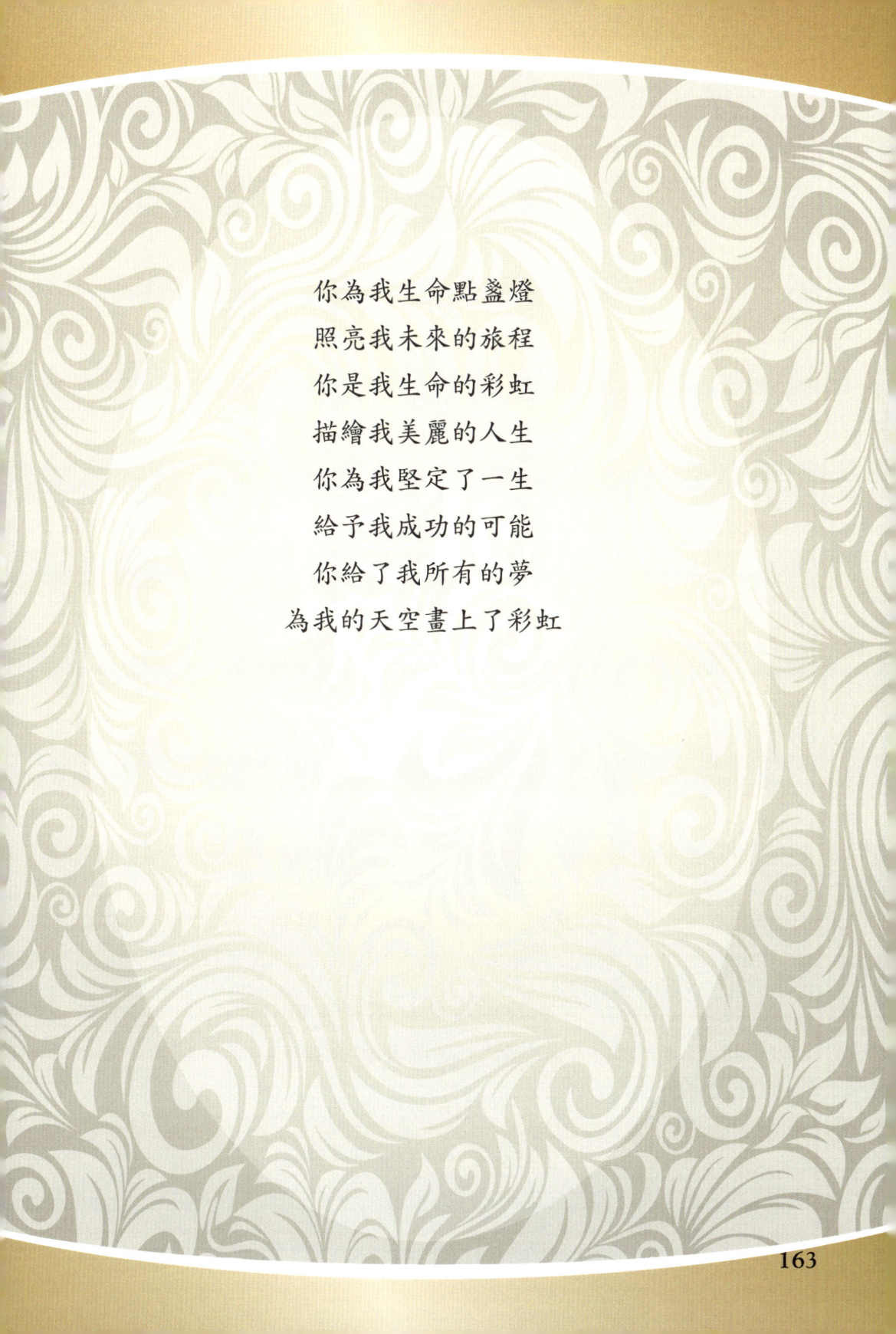

《分享生命的每一天》

曾經徘徊街頭任雨水洗面
曾經心意迷亂難脫糾纏
回首往去的生命驛站
誰說得清腳步的深與淺

血液裡流淌著父母的期盼
天真的笑臉總把希望點燃
艱辛的歲月無淚的夜晚
苦和累的生涯不敢訴說疲倦

也許我們會一無所有
夢想依然與我相伴
只有自己才能改變自己
揚起笑臉度過心中的難關

決心要成功就不怕失敗
別讓絕望誕生在希望之間
讓我們相擁著彼此的關愛
去分享每一次的改變

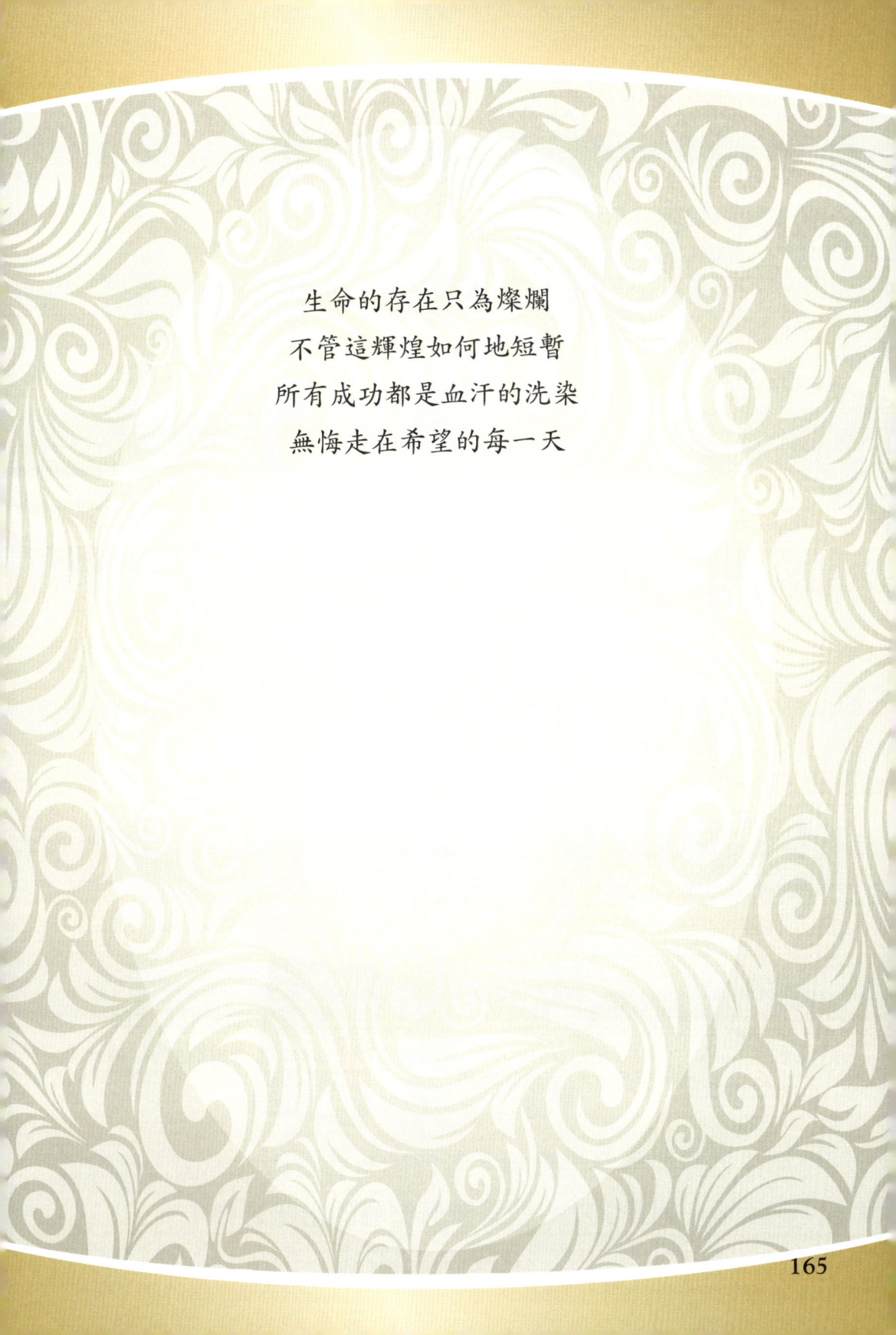

生命的存在只為燦爛
不管這輝煌如何地短暫
所有成功都是血汗的洗染
無悔走在希望的每一天

大師的選擇，就是你的方向
各領域頂尖名家出書首選——

創見文化

大師們一致信賴！

他們都選擇由創見文化出版他們的經典之作！

- 系統創富大師 **艾莫**
- 全球領導力導師 **麥斯威爾博士**
- 華人成功學權威 **陳安之**
- 商業談判大師 **羅傑・道森**
- 兩岸創業導師 **林偉賢**
- 潛能開發大師 **查爾斯・哈尼爾**

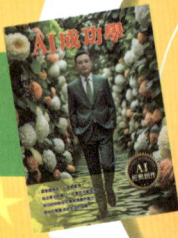

名家大師盡在創見文化

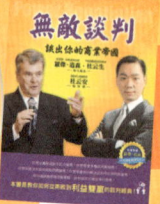

您還在猶豫要不要出書嗎？若您擁有專業內容、個人品牌或實戰經驗，創見文化・就是您最堅強的出版夥伴！

邁出出書第一步，現在就加入大師的行列！

✓ 台灣最具品牌力的專業出版社
✓ 金石堂暢銷榜 TOP20 出版社
✓ 聚焦商管｜財經｜職場領域
✓ 提供一條龍出版全方位服務
✓ 為您打造市場能見度與高品質內容

中國企業家首席導師 王冲

亞洲創富教育導師 杜云生

中國教育培訓權威 姬劍晶

頂尖名家，皆選創見！

AI 應用賦能權威教練 吳宥忠・杜云安

世界上最偉大的銷售員 喬・吉拉德

行銷＆影響力演說家 路守治

| 專業團隊 | 量身打造 | 行銷實戰 | 品質保證 |

讓書成為您的事業加速器，讓品牌影響力一出版就看得見！
成為專家＆權威，創見助您一步到位！
現在，就是您成為作者的最好時機！

立即聯繫 創見文化，開啟您的出書之路！
歡迎洽詢 02-2248-7896 分機 302 蔡社長 mail：iris@book4u.com.tw

真永是真
Knowledge Feast Lecture

給你可實踐的智慧、
可複製的成功邏輯，
為你的未來打開行動路徑！

《真永是真》給您
999則定理 × 360度智慧學習

- 個人成長
- 認知升級
- 時代趨勢
- 實踐策略

《真永是真》人生大道叢書，是匯聚跨界賢達之力共同編纂而成的。總結了數千則人生大道理，並從超過萬本經典與實戰書籍中，精選出999則歷久彌新的真理，將古今中外成功者的思維模式、人生原則、處世邏輯進行系統整理與深度濃縮，讓真理以嶄新方式呈現，轉化為當代可實踐的人生智慧，使之更貼近AI時代應用。

這是一套從知識走向行動的指南，也是您在混沌時代中做出選擇、逆勢翻盤的秘密武器。讓您一次讀通、讀透關鍵大道理！不只是讓您知道「發生了什麼」，更讓您學會──如何思考、如何選擇、如何不被淘汰。不只是助您讀懂書，更教您如何運用知識解決問題、創造價值。為您的人生導航，成就最好的自己！

★ 每一句真理，都是一種「可實踐的思維模式」★
★ 每一頁內容，都是您AI時代的「認知導航系統」★

《真永是真》系列叢書，為您重啟認知導航系統，打造AI時代生存力

☑ 內化為行動的智慧 ☑ 啟動人生轉變的指南 ☑ 傳承給下一代的思想資產

一生必讀的999則智慧真理：
- 紅皇后效應 莫菲定律 馬太效應
- 鯰魚效應 達克效應 木桶原理
- 長板效應 彼得原理 AI賺錢術
- 古德法則 格羅夫定律 AI賦能
- 內捲漩渦 量子糾纏 NFT&NFR
- 摩爾定律 帕金森定律 AI變現
- 啟動人生新格局的20個心理學金律
- 員工自動自發的21個管理學金律

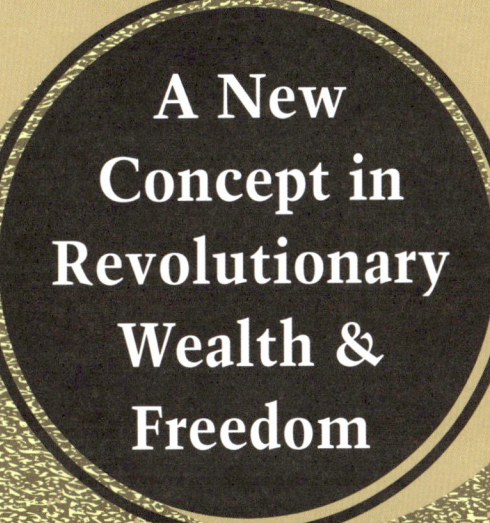

A New
Concept in
Revolutionary
Wealth &
Freedom

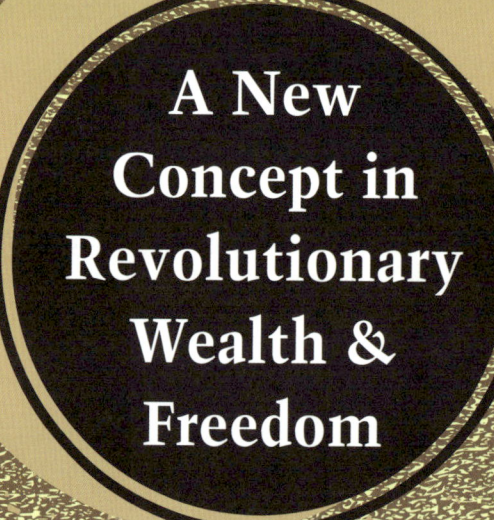

A New Concept in Revolutionary Wealth & Freedom

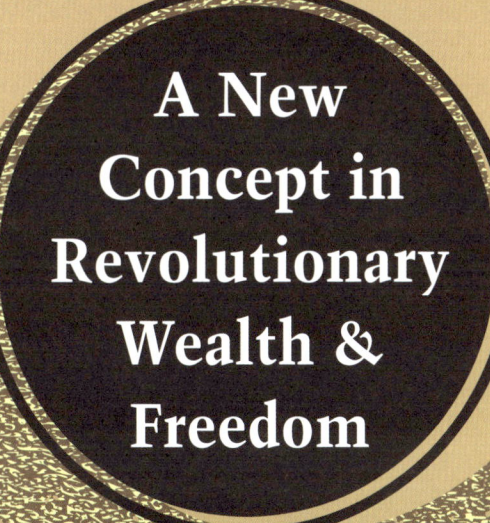

A New Concept in Revolutionary Wealth & Freedom

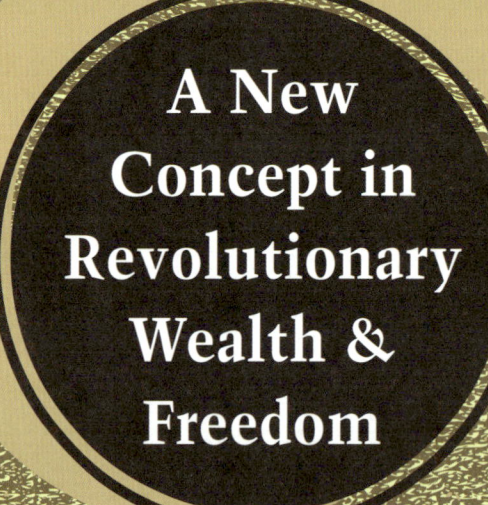

A New
Concept in
Revolutionary
Wealth &
Freedom